JN198320

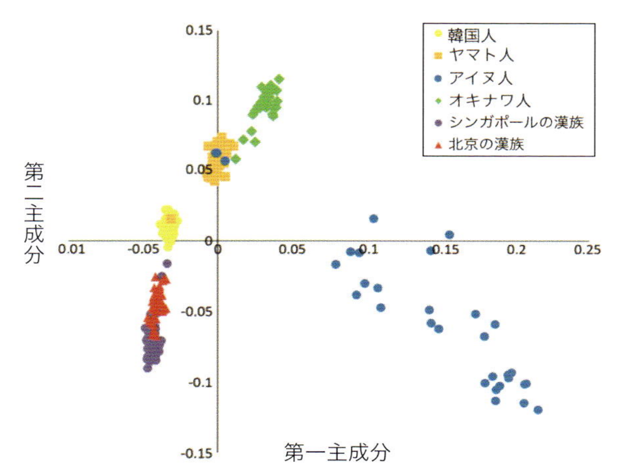

口絵 1　アジアの 6 人類集団の個人を単位とした主成分分析による解析結果（Jinam et al., 2015）（p.5、図 1.3 参照）

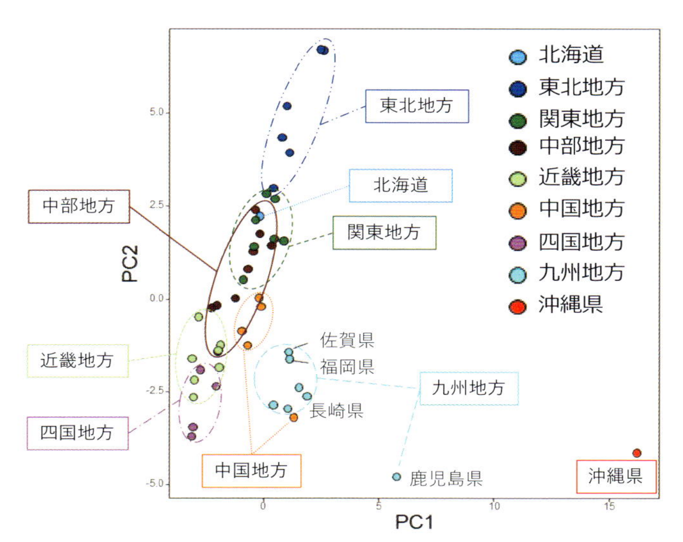

口絵 2　47 都道府県の PCA プロット（p.33、図 3.1 参照）

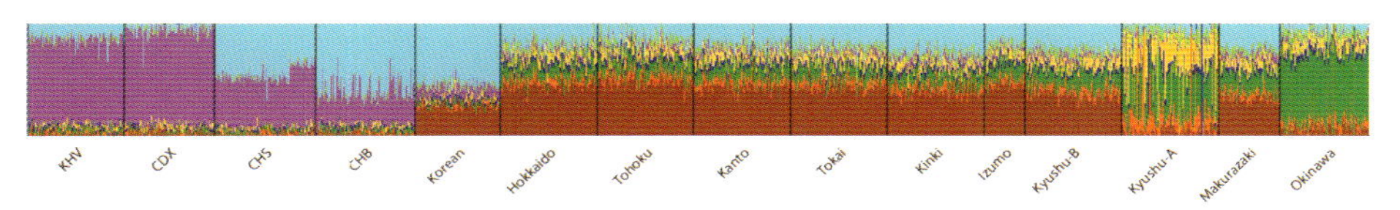

口絵 3　日本人と東アジア人の遺伝的組成の分析結果（Jinam et al., 2021）（p.76、図 6.1 参照）

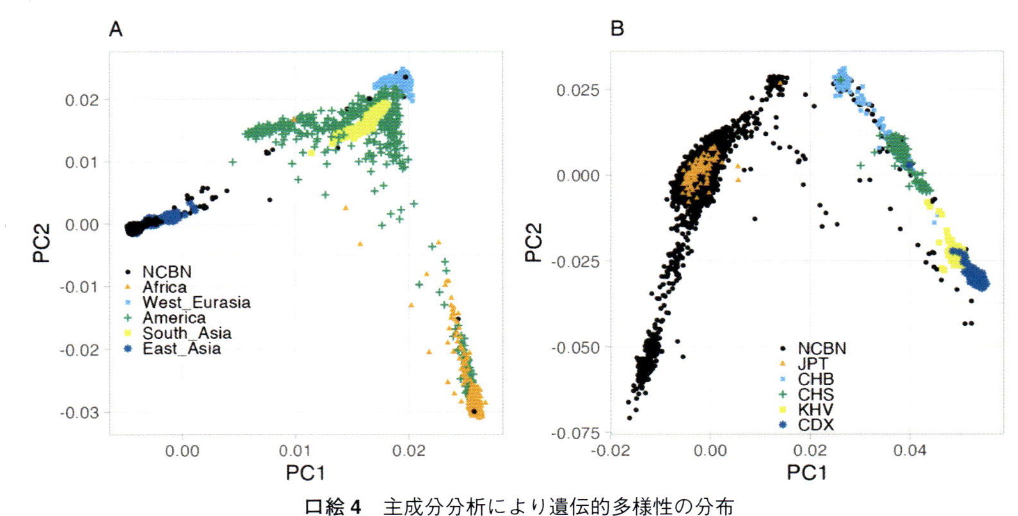

口絵 4　主成分分析により遺伝的多様性の分布

A は全世界の集団を対象として解析した結果で B は東アジアの集団に絞って解析した結果である（Kawai et al., 2023）（p.78、図 6.2 参照）

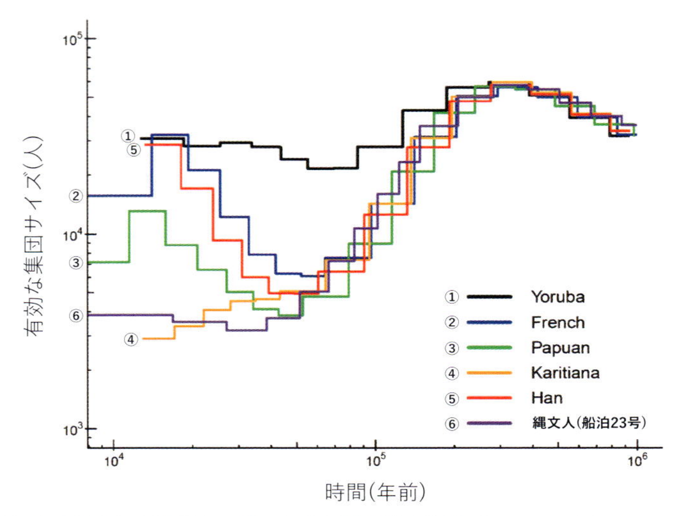

口絵 5　PSMC で推定した現代人と縄文人の人口変動の推定（Kanzawa-Kiriyama et al., 2019）（p.81、図 6.4 参照）

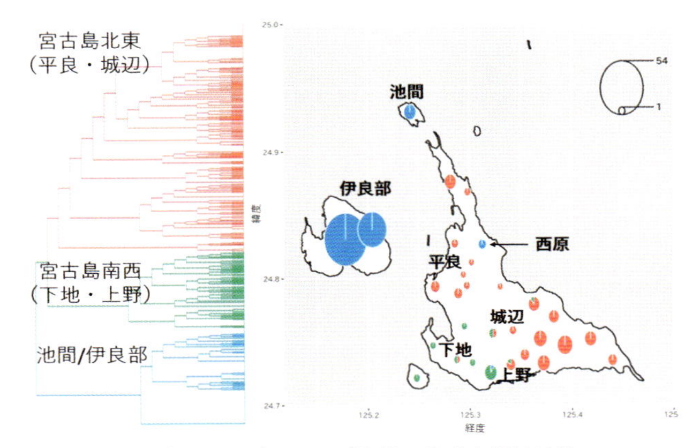

口絵 6　ハプロタイプ情報に基づく解析結果

左図は、個人個人が縦に並べられており、赤色、緑色、青色の 3 集団に分かれている。右図では、各々の出生地情報をもとにそれぞれの地区の出身者がどの集団に属しているかを調べて、その数を楕円の大きさで表している。この結果から赤色の集団は宮古島北東、緑色の集団は宮古島南西、青色の集団は池間／伊良部出身者であることがわかる。例外として西原に青色の集団が存在している（p.126、図 9.3 参照）

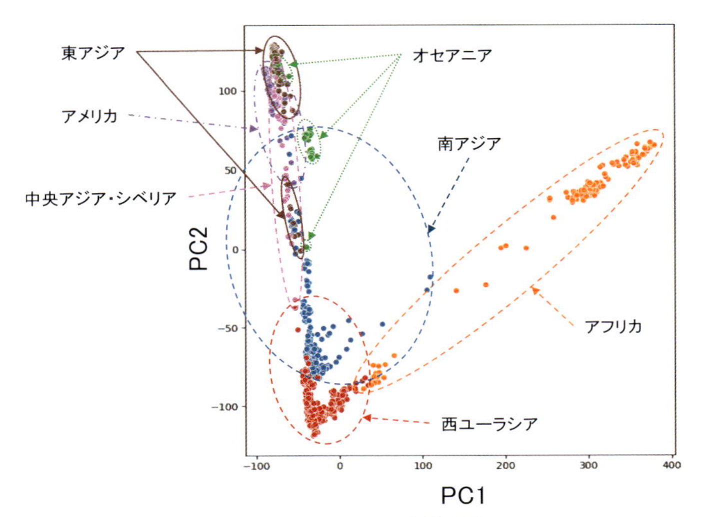

口絵 7　マイクロサテライト多型を用いた PCA

PC1：第一主成分、PC2：第二主成分（p.155、図 11.3 参照）

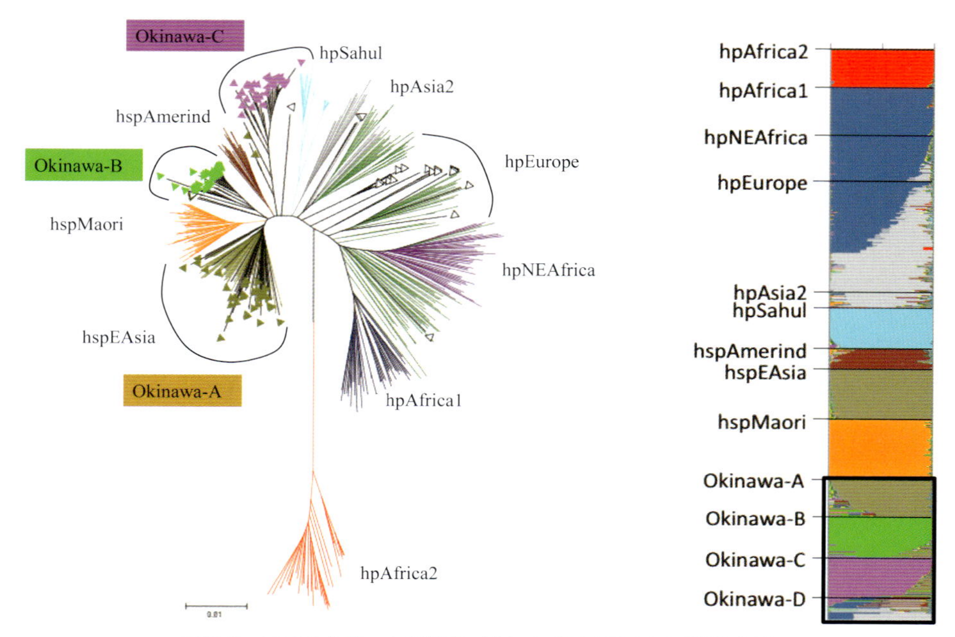

口絵 8　MLST を用いた系統樹（左）と STRUCTURE 解析（右）
沖縄のピロリ菌は、大きく 3 種類に分類され、そのうち 2 種は、新しいタイプと考える（p.164、図 12.1 参照）

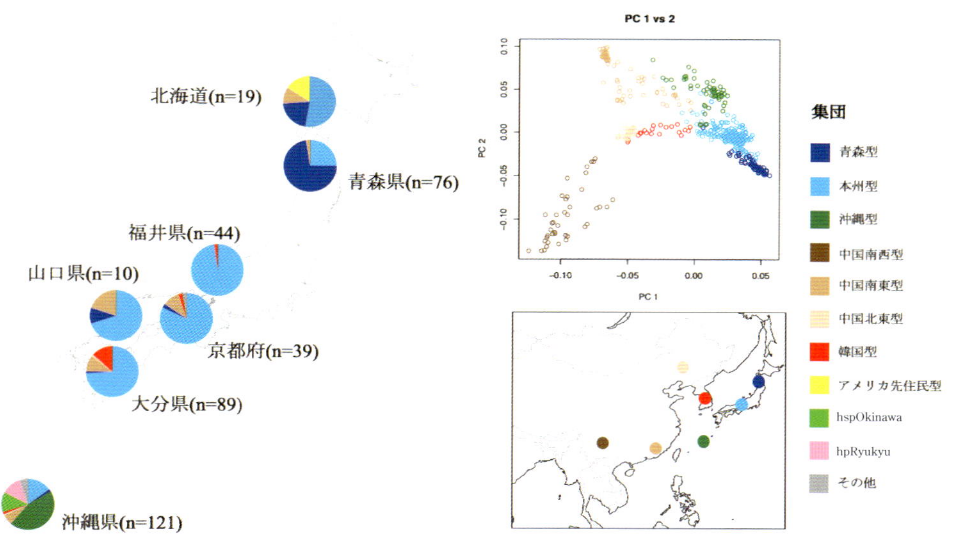

口絵 9　日本国内における各ピロリ菌集団の分布および東アジア亜型集団を用いた主成分分析結果
fineSTRUCTURE 解析により定義した集団を色分けして示した。主成分分析は、co-ancestry matrix に基づき行った（p.168、図 12.3 参照）

Origin and Establishment of Yaponesians

シリーズ〈ヤポネシア人の起源と成立〉1

ヤポネシアの現代人ゲノム

Deciphering
Modern Human Genomes
in Yaponesia

斎藤成也［編］
Naruya Saitou

朝倉書店

序

ユーラシア大陸の東側に、いくつかの島々が並んでいる。いつの頃からか、この島々に人間が居住をはじめた。人々は、海岸部を中心とする地域では海産の魚介類を、島の内陸部では鹿や猪などの哺乳類を得ていた。この島々を、我々はヤポネシアと呼ぶことにしよう。ヤポとはラテン語で日本を、ネシアはやはりラテン語で島々を指す。作家の島尾敏雄が1960年代に提唱した言葉である。一般には日本列島と呼ばれるが、国家の名称である「日本」が含まれるので、国家から離れて、もっと自由に範囲を示したいと考え、我々が文部科学省から新学術領域研究の予算を取得した際に、このヤポネシアを使うことにした。領域の略称名は「ヤポネシアゲノム」である。

ヤポネシアには、樺太、千島列島、北海道、本州、四国、九州、琉球諸島が含まれる。21世紀現在の日本の領土よりも少し広くなっている。このヤポネシアに現在居住している人々を、我々はヤポネシア人と呼ぶ。本シリーズの目的は、これら現代に生きるヤポネシア人のゲノム多様性を解析した結果をご紹介することである。

新学術領域研究「ヤポネシアゲノム」は、2018年度から2022年度までの5年間続けられた。私が領域代表を務めた。6個の計画研究班を設置し、これらは5年間ずっと研究を続けた。それとは別に公募研究を募集した。こちらは第1期が2019年度と2020年度の2年間、第2期が2021年度と2022年度の2年間であり、それぞれ13課題と21課題が採択された。

計画研究班は大きくAグループとBグループに分けた。Aグループは実際にゲノム配列を決定するものであり、A01班は現代人ゲノムを、A02班は古代人ゲノムを、A03班は動植物ゲノムをそれぞれ決定した。A01班の班長（研究代表者）は私が、A02班の班長は篠田謙一（国立科学博物館館長）が、A03班の班長は鈴木仁（北海道大学名誉教授）が就任した。一方、Bグループは B01班が考古学研究を、B02班が言語学研究を、B03班が大規模ゲノムデータの解析をそれぞれ担当した。B01 班の班長は藤尾慎一郎（国立歴史民俗博物館名誉教授）が、B02 班の班長は遠藤光暁（青山学院大学経済学部教授）が、B03 班の班長は長田直樹（北海道大学大学院情報科学研究科准教授）がそれぞれ担当した。

本シリーズは全 4 巻から構成されているが、計画班との対応でいうと、第 1 巻「ヤポネシアの現代人ゲノム」は主として A01 班の班員が執筆した。私が編集を担当した。第 2 巻「ヤポネシアの古代ゲノム」は篠田謙一が編集を担当し、主として A02 班の班員が執筆した。第 3 巻「ヤポネシアの動植物ゲノム」は鈴木仁と長田直樹が共同で編集し、主として A03 班と B03 班の班員が執筆した。第 4 巻「ヤポネシア人の考古と言語」は藤尾慎一郎と遠藤光暁が共同で編集し、主として B01 班と B02 班の班員が執筆した。もちろん、公募研究の班員もこれら 4 巻のなかに執筆者として含まれている。表に、計画班と公募班の班員の一覧を示した。

本巻「ヤポネシアの現代人ゲノム」の概論に入ることにしよう。全体で 3 部構成であり、第 I 部「現代ヤポネシア人ゲノムの全体像」は、5 つの章が含まれている。ひとつめは私が担当した「内なる二重構造」モデルの検証である。ふたつめは B03 班の班長だった長田直樹が担当した二重構造モデルの検証である。3 つめは公募班として参加した大橋順（東京大学大学院理学系研究科教授）によるヤポネシア人ゲノムの多様性、4 つめも公募班として参加した佐藤陽一（徳島大学薬学部教授）によるヤポネシア人の Y 染色体多様性であり、5 つめは私の研究室で特任准教授を務めていた鈴木留美子（現在は国立遺伝学研究所生命ネットワーク研究室のポストドク）による、47 都道府県のゲノム規模 SNP データの解析である。データは、共同研究をしていたジェネシスヘルスケア社から提供された。

第 II 部「現代ヤポネシア人のゲノムから見た地域多様性」には、以下の 4 章が含まれている。ひとつめは東アジア人のゲノム構造であり、B03 班の班員だった河合洋介（国立国際医療研究センターゲノム医科学プロジェクト副プロジェクト長）が執筆を担当した。ふたつめは九州ヤマト人のゲノムであり、A01 班の班員だった吉浦孝一郎（長崎大学医学部教授）が執筆を担当した。3 つめはオキナワ人のゲノム解析であり、公募班として参加した木村亮介（琉球大学医学部教授）が執筆を担当した。4つめは宮古島人のゲノム解析であり、A01班の班員だった松波雅俊（琉球大学医学部助教）が担当した。

第III部は「ゲノムと形質との関連」と題して、以下の3章が含まれている。ひとつめはヤポネシア人の寒冷適応能力であり、公募班の中山一大（東京大学新領域創成科学研究科准教授）が担当した。ふたつめは塩基置換以外のゲノム変化であり、B03班の班員だった藤本明洋（東京大学大学院医学研究科教授）が担当した。最後の章はピロリ菌のゲノム解析であり、公募班として参加した山岡吉生（大分大学医学部環境・予防医学講座教授）が執筆を担当した。

このように、本巻「ヤポネシアの現代人ゲノム」の内容は多岐にわたっている。お楽しみいただければ幸いである。

なお、本書についてご質問がある場合には、私あてにメール[1)]を送っていただければ、できる範囲でご回答をお送りする。

2025年2月

斎藤成也

1）斎藤成也のメールアドレス：saitounr@nig.ac.jp

表　計画班と公募班の班員一覧

計画班

A01 班（現代人ゲノム）
斎藤成也（国立遺伝学研究所名誉教授）〈班長〉
井ノ上逸朗（国立遺伝学研究所名誉教授）
Timothy A. Jinam（Faculty of Medicine & Health Sciences, UNIMAS, Senior Lecturer）
松波雅俊（琉球大学大学院医学研究科助教）
吉浦孝一郎（長崎大学原爆後障害医療研究所教授）

A02 班（古代人ゲノム）
篠田謙一（国立科学博物館館長）〈班長〉
安達　登（山梨大学大学院総合研究部教授）
神澤秀明（国立科学博物館人類研究部研究員）
角田恒雄（山梨大学大学院総合研究部助教）
佐藤丈寛（金沢大学医薬保健研究域医学系准教授）

A03 班（動植物ゲノム）
鈴木　仁（北海道大学大学院地球環境科学研究院名誉教授）〈班長〉
遠藤俊徳（北海道大学大学院情報科学研究院教授）
増田隆一（北海道大学大学院理学研究院教授）
坂井寛章（農業・食品産業技術総合研究機構高度解析センターユニット長）［2021-2022 年度］
伊藤　剛（国立台湾大学国際学院教授）［2018-2020 年度］

B01 班（考古学）
藤尾慎一郎（国立歴史民俗博物館名誉教授）〈班長〉
木下尚子（熊本大学人類社会学部名誉教授）
山田康弘（東京都立大学人文科学研究科教授）
清家　章（岡山大学社会文化科学研究科教授）
濱田竜彦（鳥取県立青谷かみじち史跡公園課長補佐）

B02 班（言語学）
遠藤光暁（青山学院大学経済学部教授）〈班長〉
木部暢子（大学共同利用機関法人人間文化研究機構機構長）
狩俣繁久（琉球大学島嶼地域科学研究所客員研究員）
中川　裕（千葉大学大学院人文科学研究院名誉教授）
風間伸次郎（東京外国語大学総合国際学研究院教授）

B03 班（大規模ゲノム解析）
長田直樹（北海道大学大学院情報科学研究院准教授）〈班長〉
藤本明洋（東京大学大学院医学研究科教授）
五條堀淳（総合研究大学院大学先導科学研究科講師）
河合洋介（国立国際医療研究センター副プロジェクト長）

公募班

2019-2020 年度 公募研究 A04 班
里村和浩（長浜バイオ大学バイオサイエンス学部プロジェクト特任講師）
大橋　順（東京大学大学院理学系研究科教授）
中山一大（東京大学大学院新領域創成科学研究科准教授）
寺井洋平（総合研究大学院大学総合進化科学研究センター准教授）
細道一善（東京薬科大学生命科学部教授）
佐藤陽一（徳島大学大学院医歯薬学研究部教授）
花田耕介（九州工業大学情報工学研究院教授）
木村亮介（琉球大学大学院医学研究科教授）
太田博樹（東京大学大学院理学系研究科教授）
今西　規（東海大学医学部教授）
内藤　健（農業・食品産業技術総合研究機構遺伝資源センター上級研究員）

2019-2020 年度 公募研究 B04 班
河田雅圭（東北大学教養教育院総長特命教授）
西内　巧（金沢大学学際科学実験センター准教授）
舟橋京子（九州大学大学院比較社会文化研究院准教授）
竹中正巳（鹿児島女子短期大学生活科学科教授）
麻生玲子（名桜大学国際学部国際文化学科准教授）
林　由華（岡山大学グローバル人材育成院講師）

2021-2022 年度 公募研究 A04 班
今西　規（東海大学医学部教授）
太田博樹（東京大学大学院理学系研究科教授）
大橋　順（東京大学大学院理学系研究科教授）
木村亮介（琉球大学大学院医学研究科教授）
菅　　裕（県立広島大学生物資源科学部教授）
竹中正巳（鹿児島女子短期大学生活科学科教授）
寺井洋平（総合研究大学院大学総合進化科学研究センター准教授）
内藤　健（農業・食品産業技術総合研究機構遺伝資源研究センター主任研究員）
新村　毅（東京農工大学大学院農学研究院教授）
細道一善（東京薬科大学生命科学部教授）
松本悠貴（アニコム先進医療研究所株式会社研究開発部研究員）
三浦史仁（九州大学大学院医学研究院准教授）
水野文月（東邦大学医学部講師）
本橋令子（静岡大学農学部教授）
山岡吉生（大分大学医学部教授）
Fawcett Jeffrey（理化学研究所上級研究員）

[2025 年 2 月現在]

●シリーズ監修者

斎 藤 成 也　　国立遺伝学研究所名誉教授

●本巻編集者

斎 藤 成 也　　国立遺伝学研究所名誉教授

●本巻執筆者（五十音順）

井ノ上逸朗　　国立遺伝学研究所名誉教授　（7 章）
大 橋 　 順　　東京大学大学院理学系研究科　（3 章）
長 田 直 樹　　北海道大学大学院情報科学研究院　（2 章）
河 合 洋 介　　国立国際医療研究センター　（6 章）
河 村 優 輔　　防衛医科大学校　（7 章）
木 村 亮 介　　琉球大学大学院医学研究科　（8 章）
斎 藤 成 也　　国立遺伝学研究所名誉教授　（1 章）
佐 藤 陽 一　　徳島大学大学院医歯薬学研究部　（4 章）
鈴木留美子　　国立遺伝学研究所　（5 章）
中 岡 博 史　　公益財団法人佐々木研究所　（7 章）
中 山 一 大　　東京大学大学院新領域創成科学研究科　（10 章）
細 道 一 善　　金沢大学大学院医療保健研究域医学系　（7 章）
藤 本 明 洋　　東京大学大学院医学系研究科　（11 章）
松 波 雅 俊　　琉球大学大学院医学研究科　（9 章）
三 嶋 博 之　　長崎大学原爆後障害医療研究所　（7 章）
山 岡 吉 生　　大分大学医学部　（12 章）
吉浦孝一郎　　長崎大学原爆後障害医療研究所　（7 章）

目　次

第Ⅰ部　現代ヤポネシア人ゲノムの全体像

第II部　現代ヤポネシア人ゲノムから見た地域多様性

第 III 部　ゲノムと形質との関連

「内なる二重構造」モデルの検証

斎藤成也

日本列島人の成立に関する置換説・混血説・変形説を説明し、次に二重構造モデルを紹介して、このモデルを支持した研究を述べる。その後、約4万年前から約4,000年前、約4,000年前から約3,000年前、約3,000年前以降の3回の渡来を仮定した、私が提唱した三段階渡来モデルと、そこから導かれる「内なる二重構造」を説明する。日本列島の中央部に中央軸と周辺部という同心円構造を考えたので、この名前とする。実際のDNAデータがこのモデルにあてはまることを示す。

● 1.1　置換説、混血説、変形説

日本人、あるいはヤポネシア人の起源と成立については、江戸時代からいろいろな研究者がさまざまなモデルを提唱してきた。寺田（1975）によれば、これらのモデルは大きく分けて、置換説、混血説、変形説の3種類に分類できる。

ドイツ人だがオランダ人と偽って、長崎の出島に長く住んだフランツ・フォン・シーボルトは、もともとはアイヌ人の祖先集団が日本列島全体に住んでいたのではないかと想定した。その後、東ユーラシア大陸から渡来した新しい人々が日本列島の南部と中央部に進出し、アイヌ人の祖先は日本列島の北部を中心に居住するようになったと考えたのである。置換説の最初である。明治時代になって、大森貝塚を発見し発掘した米国人のエドワード・モースは、縄文

土器などの発掘結果をもとにして、アイヌ人とは別の系統の先住民が日本列島にいたと考えた。アイヌ人は土器を使っていなかったからである。これも置換説に含まれる。

一方、現在の東京大学医学部で内科学を教えたドイツ人のエルヴィン・フォン・ベルツは、アイヌ人とオキナワ人の同一性を主張した。かつては彼らの祖先集団が日本列島全域に居住していたが、弥生時代になって大陸から渡来した稲作農耕民が先住民である採集狩猟民の一部と混血し、日本の九州・四国・本州に居住するようになったとした。これは混血説の最初である。

日本人として最初に自分たちの起源について考察したのは、現在の東京大学理学部に人類学教室を創設した坪井正五郎である。彼はアイヌ人の祖先以前に、コロポックルという先住民がいたと主張した。一方、現在の東京大学医学部解剖学教室の教授だった小金井良精は、坪井のコロポックル説を批判した。小金井によれば、日本列島の先住民の直接の子孫がアイヌ人であり、しかもアイヌ人は世界の他のどの人々とも大きく異なっている。その後現在の日本人の祖先である人々が稲作農耕をたずさえて大陸から渡来し、北海道よりも南では祖先集団が完全に置換したと考えたのである。

坪井に師事した鳥居龍蔵は、当初は置換説だった。東アジアの大陸部から渡来した人々が、それ以前からヤポネシアに居住していたアイヌ人の祖先にかわって、日本人の中核になったとするものである。その後鳥居は多重渡来説を主張した。ヤポネシアに最初に渡来したのは、アイヌ人の祖先集団であり、縄文文化の担い手だった。次に朝鮮半島などの大陸部から別系統の集団が渡来し、弥生文化や古墳文化を生みだした。これら渡来人の子孫が現代日本人の主要部分（ヤマト人）であり、それ以外にも、東南アジアなどいろいろな地域からの渡来人が混血して、現代日本人になったとした。

置換説と混血説を紹介したが、最後に変形説（移行説、連続説、小進化説とも呼ばれる）について説明しよう。変形説では、最初の渡来民の子孫が小進化を経て現在の日本人になったとするものであり、過去と現在の時代差は、同一集団の変化に過ぎないと考える。現在の東京大学理学部人類学教室の長谷部言人や鈴木尚が唱えた。特に鈴木は東日本を中心として多くの人骨データを比較解析し、歴史時代に日本人（ヤマト人）の形態が変化したことを実証した。たとえば、身長は江戸時代末期がもっとも低く、その後急速に高くなった。頭部の頭幅と頭長の比を取った頭示数も歴史時代に変動し、最近は短頭化現象といって、頭全体が丸くなりつつある。このような実際のデータをもとにして、縄文人と弥生人の形態の違いも、渡来を考える必要はないとしたのが、変形説である。変形説にはアイヌ人やオキナワ人が考察に加えられておらず、またその後の研究から複数の渡来があったことが明確になったため、変形説は現在では否定されている。

● 1.2　二重構造モデル

さて、ベルツや鳥居が提唱した日本列島人の混血説は、もともと妥当な説ということもあり、またその後清野謙次や金関丈夫など多数の研究者による成果が積み重ねられて、混血説の現在の定説ともいえる「二重構造モデル」が、埴原和郎によって1991年に提唱された（Hanihara, 1991）。図1.1は、埴原が1991に提唱した図をもとにして、斎藤（2023）がその第0章で描き直したものだ。旧石器時代に、おそらく現在の東南アジア地域（スンダランド）に分布

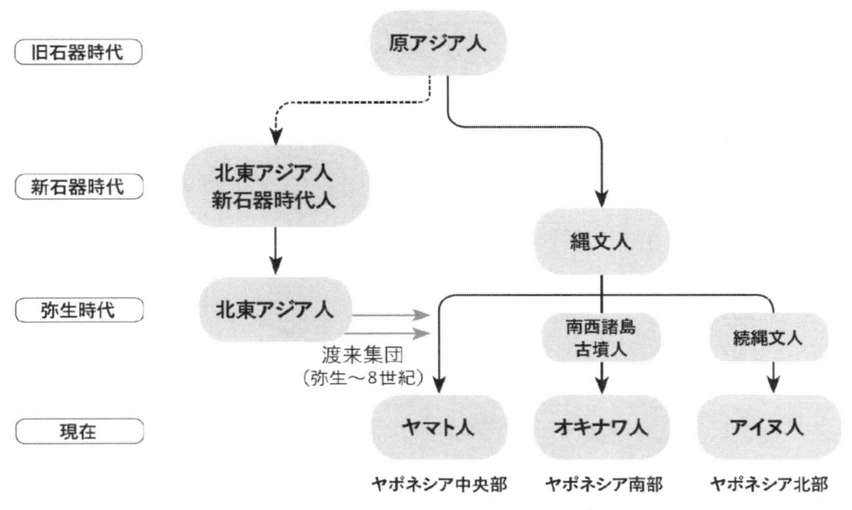

図1.1　埴原和郎の二重構造モデルの説明（斎藤，2023）

していたと考えられる原アジア人の一部が島嶼部を北上し、ヤポネシアに到達した。その後彼らは縄文土器を使うようになった。これが縄文人である。一方、大陸を北上した原アジア人は小進化によって形態が変化し、新石器時代に北東アジア人になった。この北東アジア人の一部が弥生時代になると大量にヤポネシアの中央部に渡来し、水田稲作を伝えた。彼らは奈良時代まで土着の縄文人と混血して、ヤマト人を形成していった。ヤポネシアの北部と南部では混血が起こらず、それぞれ続縄文人、南西諸島古墳人となっていった。現在のアイヌ人とオキナワ人の祖先である。

21世紀になってヒトゲノムの全塩基配列が決定され、それをもとにして、50万カ所のSNP(一塩基多型) を簡単に決定できるDNAチップが開発された。我々はそれを用いて、ヤマト人、アイヌ人、オキナワ人のDNAを比較し解析した (Japanese Archipelago Human Population Genetics Consortium, 2012)。ヤマト人のDNAは東京大学教授の徳永勝士らのグループが収集したものであり、アイヌ人のDNAは1980年代に東京大学教授の尾本恵市が北海道の二風谷に居住していたアイヌ系の人々から収集したもの、オキナワ人は琉球大学医学部が収集したものである。図1.2は、これら3集団の他に、韓国人、漢族3集団、および南北の中国少数民族集団を加えて描いた集団の系統樹である。

その後、解析結果の一部を修正して発表したのがJinam et al.(2015) である。図1.3は、6人類集団 (ヤマト人、アイヌ人、オキナワ人、韓国人、北京の漢族、シンガポールの漢族) について主成分分析の結果を示したものだ。第一主成分 (左右軸) の右下にアイヌ人が分布しており、その斜めの軸を伸ばしたところにヤマト人が位置している。オキナワ人はヤマト人に近いが、若干アイヌ人の

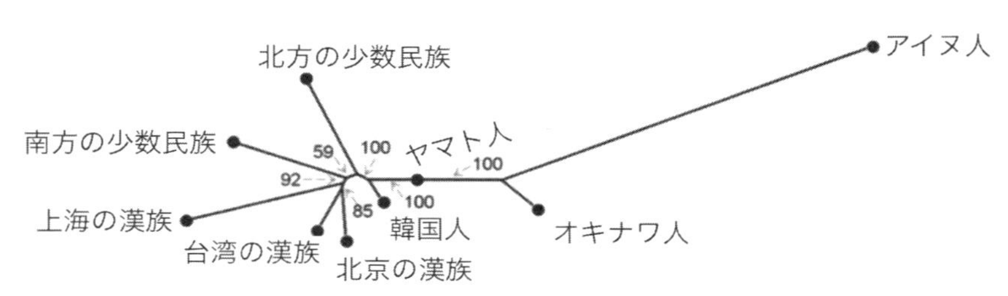

図1.2　東アジア9人類集団の遺伝的関係を表した無根系統樹 (Japanese Archipelago Human Population Genetics Consortium, 2012)

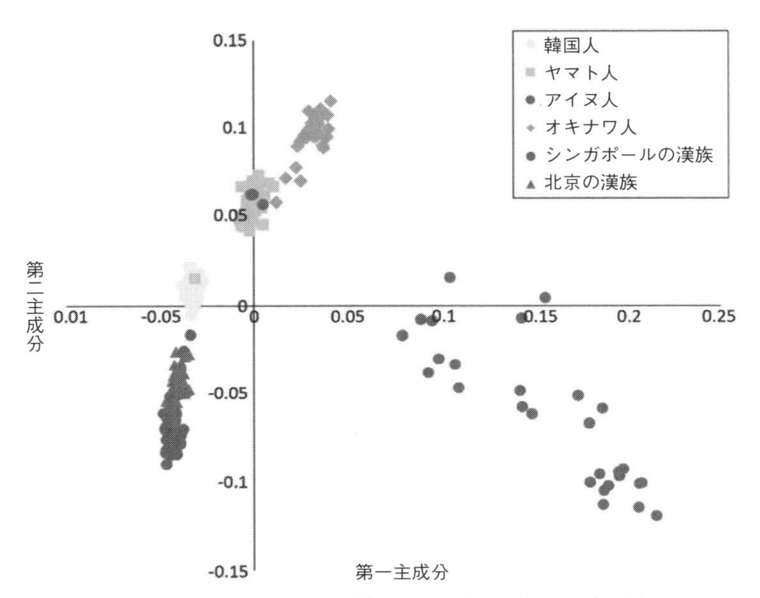

図 1.3　アジアの 6 人類集団の個人を単位とした主成分分析による解析結果（Jinam et al., 2015）（口絵 1 参照）

ほうに位置している。逆に韓国人と 2 種類の漢族はアイヌ人から離れた位置にある。

● 1.3　三段階渡来説

斎藤（2015）は、21 世紀になって急速に増加してきた膨大なゲノム関連データをもとにして、日本列島人（ヤポネシア人）の形成について、三段階渡来説（図 1.4）を提唱した。第一段階は、約 4 万年前から約 4,400 年前（日本の旧石器時代の全期間と縄文時代の早期～中期まで）であり、採集狩猟民がユーラシアのいろいろな地域からさまざまな年代に、ヤポネシアの南部、中央部、北部の全体にわたって渡来してきた。主要な要素は、現在東ユーラシアに住んでいる人々（のちの農耕民の子孫）とは大きく異なる系統の人々だった。ヤポネシア中央部の北側では、5,000 年前頃に人口が大きく増加したが、ヤポネシア中央部の南側では、九州を除けば人口密度がきわめて低い状態が続いた。

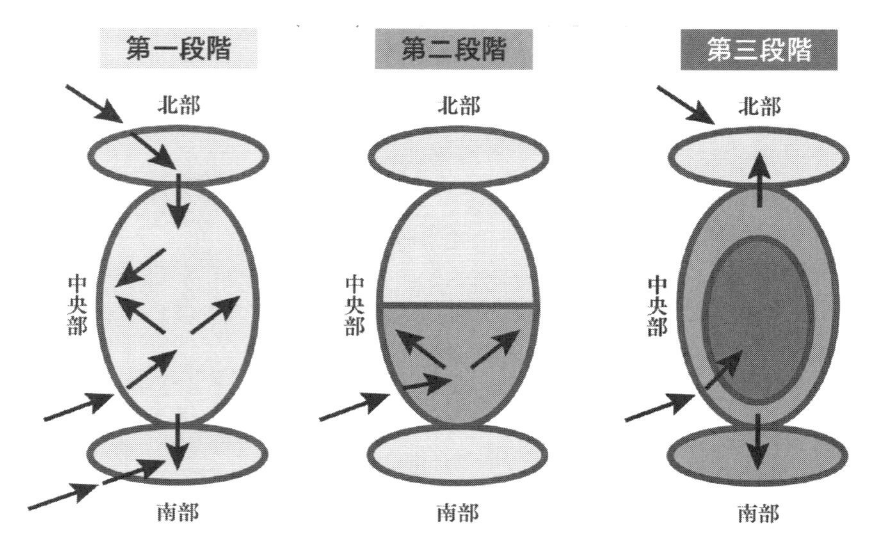

図 1.4 日本列島への三段階渡来モデル（斎藤，2015）

第二段階は、約 4,000 年前から約 3,000 年前であり、縄文時代後期と晩期に対応する。この期間に渡来した人々は漁労を中心とした採集狩猟民である。彼らの起源の地ははっきりしないが、斎藤（2017）は彼らを「海の民」と称して、朝鮮半島、遼東半島、山東半島、さらに揚子江河口域周辺までの沿岸域およびその周辺に居住していたと仮定している。これら第二波渡来民の子孫は、日本列島中央部の南側において、第一波渡来民の子孫と混血しながら、少しずつ人口を増加していった。一方、日本列島中央部の北側と日本列島の北部および南部では、第二波渡来民の影響は、ほとんどなかった。

第三段階は、約 3,000 年前以降、すなわち弥生時代以降である。第三段階は前半と後半に分かれており、前半は約 3,000 年前から約 2,000 年前、後半は約 2,000 年前（弥生時代後期のはじまった頃）から現在である。第三段階前半時期には、朝鮮半島を中心としたユーラシア大陸から、第二波渡来民と遺伝的に近いながら若干異なる第三波の渡来民（稲作農耕民）が日本列島に到来し、水田稲作などの技術を導入した。彼らとその子孫は、日本列島中央部の東西軸にもっぱら沿って居住域を拡大し、急速に人口が増えていった。この東西軸の周辺では、第三波の渡来民およびその子孫との混血の程度が少なく、第二波の渡来民の DNA がより濃く残っていった。日本列島の北部と南部および東北地方では、第三波渡来民の影響はほとんどなかった。

第三段階後半時期には、第三波の渡来民が引き続き朝鮮半島を中心としたユーラシア大陸から移住してきた。それまで東北地方に居住していた第一波の渡来民の子孫は、6 世紀前後に大部分が北海道に移っていった。その空白を埋めるようにして、第二波渡来民の子孫を中心とする人々が東北地方に進出していった。一方、日本列島の南部では、グスク時代（11〜16 世紀）の前後に、おもに九州から第二波の渡来民の子孫を中心としたヤマト人が多数移住し、さらに江戸時代以降になると、第三波の渡来民系の人々も加わって、現在のオキナワ人が形成された。日本列島の北部では、奈良時代頃から平安時代の初頭にかけて北海道北部に渡来したオホーツク文化人との間で遺伝的交流があり、アイヌ人およびアイヌ文化が形成された。江戸時代以降はアイヌ人とヤマト人との混血が進んだ。以上の記述は斎藤（2023）をもとにした。

● 1.4 「内なる二重構造」モデル

日本列島人（ヤポネシア人）を大きくとらえると、北部のアイヌ人と南部のオキナワ人には、ヤマト人とは異なる共通性が残っており、この部分は新・旧ふたつの渡来の波で日本列島人の成立を説明しようとした「二重構造モデル」と同一である。図 1.4 で示したモデルが新しいのは、二重構造モデルでひとつに考えていた新しい渡来民を、第二段階と第三段階に分けたところである。第三段階のところで大小の楕円が示されているので、日本列島の中央部に「内なる二重構造」が存在している。

「内なる二重構造」モデル提唱のきっかけは、理化学研究所が 7,000 人あまりの日本人のゲノム規模 SNP データを解析した結果において、東北地方のヤマト人が少しオキナワ人に似通っていたと見出したことである。次に、理化学研究所が調べなかった中国四国地方のなかで、東京出雲ふるさと会の依頼を受けて我々が調べた出雲地方のヤマト人の DNA が、東北地方のヤマト人と少し似ていたという発見をした。そこで、「日本列島中央軸」という地域概念を提唱した（斎藤，2017)。図 1.5 に示したように、この中央軸は、九州北部から山陽、近畿、東海、そして関東地方の中心部を結んだものだ。この中央軸とその周辺部において、同じヤマト人だが遺伝的に若干異なっていると考えたのである。これが「内なる二重構造」モデルである。

「内なる二重構造」モデルを検証するには、日本列島の多数の地域の人々のDNAを調べる必要がある。ちょうどその頃共同研究をしていたジェネシスヘルスケア社から、47都道府県に居住する約6万人のミトコンドリアDNAのハプログループ頻度データを提供を受けた。それを当時私の研究室で助教をしていたTimothy Jinamが解析した。図1.6は、系統ネットワークという手法で、これら47都道府県のミトコンドリアDNAのハプログループ頻度データを解析した結果である。このネットワークでは、日本列島中央軸に位置する都府県の多くが、文字通り中央部に位置している。また沖縄県からみると、大分県を除く九州6県が近い位置にある。

一方、理化学研究所が収集しタイピングした日本の7地域（北海道、東北、関東甲信越、東海北陸、近畿、九州、沖縄）の人類集団のDNAデータと、我々自身が収集しタイピングしたアイヌ人、オキナワ人、出雲と枕崎の4集団および韓国人・中国人のデータを比較した。いずれも核ゲノムのSNP(一塩基多型)のデータである。系統ネットワークを描くと、まずアイヌ人が他のすべての集

図1.5　日本列島中央部の中央軸とその周辺部分（斎藤，2017）

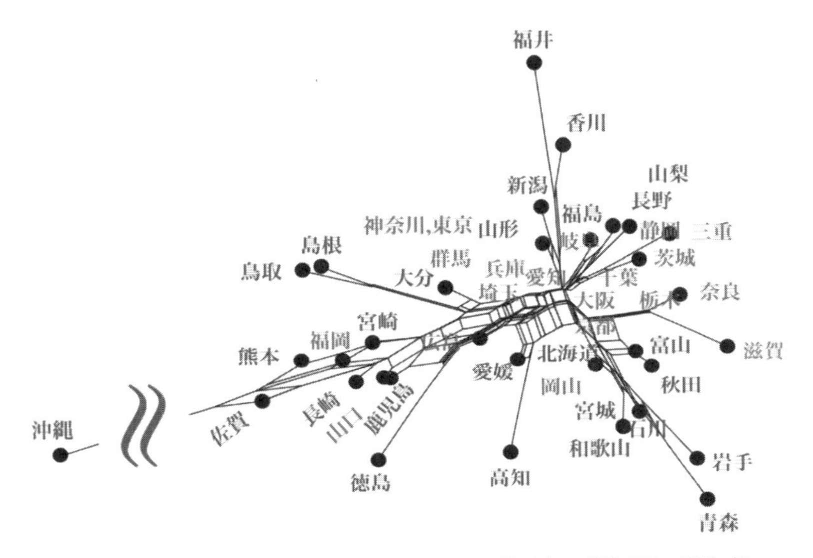

図 1.6 ミトコンドリア DNA ハプログループデータに基づく 47 都道府県の関係（Jinam et al., 2021a）

団から大きく離れていた。アイヌ人を取り除いて作成した系統ネットワークでは、今度はオキナワ人と大陸の 2 集団（韓国人・中国人）が互いに離れており、それらの中間にヤマト人が位置していた（図 1.7 上）。ヤマト人集団の部分を拡大したのが図 1.7 下である。

ヤマト人の中でも、近畿地方人がもっとも大陸の 2 集団に近く位置していることがわかる。それに対して、鹿児島県の枕崎市の人々は、オキナワ人にもっとも近かった。それに次いでオキナワ人に近かったのは出雲人だが、出雲人独自の枝もけっこう長かった。また東北地方人は、小さいながらオキナワ人と共通する要素（図 1.7 下のスプリット e）を持っていた。これらのパターンは、「内なる二重構造」モデルを支持しているように思われる。

我々は、ジェネシスヘルスケア社から、47 都道府県ごとの核ゲノム DNA の膨大な SNP データの提供も受けている。これらの解析結果については、鈴木留美子による、本巻第 I 部第 5 章の「ゲノム規模 SNP データで探る地域性」を参照されたい。

ヤポネシアゲノムプロジェクトで進められた言語データの解析結果は、本シ

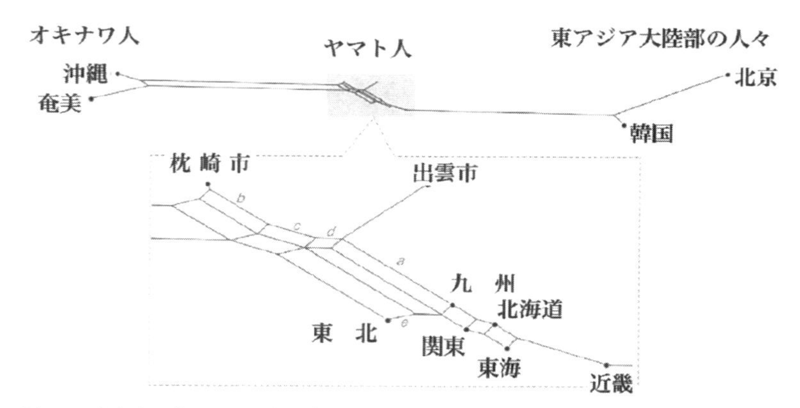

図 1.7　オキナワ人、ヤマト人、東アジア大陸部の人々の関係（上）、ヤマト人8集団のあいだの系統ネットワーク（下）（Jinam et al., 2021b）

リーズの第4巻で紹介されるが、それらに先立って、我々はLeeとHasegawa（2011）が発表した日本語と琉球語方言のデータの再解析も行った（Saitou and Jinam, 2017）。ここで少しこの結果を紹介したい。図1.8にこれら方言の系統ネットワークを示した。琉球語の10方言は、互いに離れてはいるものの、スプリット［ア］でひとつのクラスターにまとまっており、日本語とは異なっている。日本語のなかでは、奈良時代の日本語と室町時代の日本語がスプリット［ウ］で現代日本語方言とは異なるクラスターを形成している。これと矛盾するスプリット［エ］は、奈良時代の日本語と琉球語との共通性を示している。またスプリット［イ］は、短いながら、ほぼ西日本方言と東日本方言の違いを示している。細かく見ていくと、右下に東北地方の方言がまとまっており、右上に北陸地方の方言がまとまっている。また左側に九州地方の方言がまとまっている。四国の愛媛と高知の方言にも共通するスプリットがある。この他、独自の位置を占める八丈島方言は古い起源を示しており、方言学の研究成果と一致している。

文　献

Fujiwara K. et al.（2022）Insights into Mus musculus population structure across Eurasia revealed by whole-genome analysis. *Genome Biology and Evolution* **14**（5）: evac068.

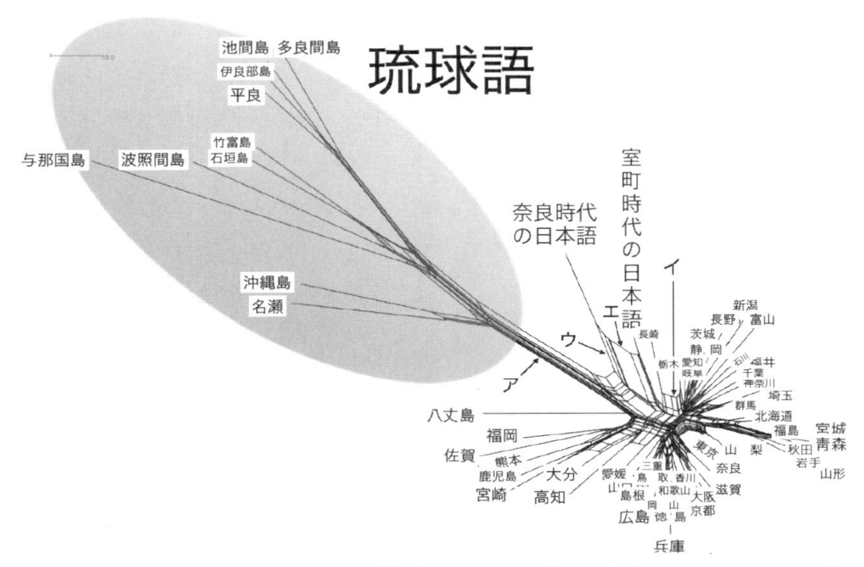

図 1.8　日本語方言と琉球語方言の関係を系統ネットワークで表した図（Saitou and Jinam, 2017）

Hanihara K. (1991) Dual structure model for the population history of the Japanese. *Japan Review* **2**：1–33.

Japanese Archipelago Human Population Genetics Consortium [Jinam T. A. et al.] (2012) The history of human populations in the Japanese Archipelago inferred from genome-wide SNP data with a special reference to the Ainu and the Ryukyuan populations. *Journal of Human Genetics* **57**：787–795.

Jinam T. A. et al. (2015) Unique characteristics of the Ainu population in northern Japan. *Journal of Human Genetics* **60**：565–571.

Jinam T. A., Kawai Y., and Saitou N. (2021a) Modern human DNA analyses with special reference to the inner dual-structure model of Yaponesian. *Anthropological Science* **129** (1)：3–11.

Jinam T. A. et al. (2021b) Genome-wide SNP data of Izumo and Makurazaki populations support inner-dual structure model for origin of Yamato people. *Journal of Human Genetics* **66**：681–687.

Lee S. and Hasegawa T. (2011) Bayesian phylogenetic analysis supports an agricultural origin. *Proceedings of Royal Society B* **278** (1725)：3662–3669.

Li Y. et al. (2020) House mouse Mus musculus dispersal in East Eurasia inferred from 98 newly determined mitogenome sequences. *Heredity* **126**：132–147.

Osada N. and Kawai Y. (2021) Exploring models of human migration to the Japanese archipelago using genome-wide genetic data. *Anthropological Science* **129** (1)：45–58.

斎藤成也（2015）『日本列島人の歴史』岩波ジュニア新書，岩波書店．

斎藤成也（2017）『核 DNA 解析でたどる日本人の源流』河出書房新社．

Saitou N. and Jinam T. A. (2017) Language diversity of the Japanese Archipelago and its

relationship with human DNA diversity. *Man in India* **97**：205-228.
斎藤成也編著（2023）『ゲノムでたどる古代の日本列島』東京書籍.
Saitou N.（2023）Achievements of Yaponesian Genome Project FY2018-2022. *iDarwin* **3**：1-14.
寺田和夫（1975）『日本の人類学』思索社.

二重構造モデルの検証

長田直樹

ヤポネシア人の起源とその発展を考えるにあたって、埴原和郎による「二重構造モデル」の理解およびその検証は重要な事項である。しかし、実際に二重構造モデルがどのようなものであり、何を意味するものなのかということは意外と広く知られていない。本章では、埴原二重構造モデルの詳細な内容と論点について考察を行い、現代のゲノムデータから得られた結果と比較することによって、その内容についての検証を行う。

2.1　埴原和郎の二重構造モデル

2.1.1　二重構造モデルの概要

二重構造モデルの提唱　ヤポネシア人の起源と形成過程を語るにあたって、埴原和郎が提唱した「二重構造モデル」は現在においても広く参照される重要な仮説である。二重構造モデルは、それまでに提唱されてきた連続説、置換説、変形説、混血説のうち、混血説に近いものであるが、当時考えられていた（渡来系集団の影響は少なかったという）混血説のモデルとは大きく異なっている。現在では、埴原の二重構造モデルは広く受け入れられており、ヤポネシア人の成立に関するデファクトスタンダードモデルとなっている。

私は東京大学人類学教室の博士課程を修了したのち、ヒトやその他さまざまな生物におけるゲノム進化解析、集団遺伝学解析を中心に研究を続けてきた。

一方、人類学の大きな研究テーマのひとつであるヤポネシア人の歴史を直接研究対象にすることはあまりなかった。しかし、2018年度からスタートした新学術領域研究「ヤポネシアゲノム」に参画したことをきっかけに、東アジアにおける新石器時代以降の人類進化についていくつかのゲノム解析研究を進めることができた（Osada and Kawai, 2021）。幸いにも2010年代後半以降、古代ゲノム解析技術の発展により、東アジアの人類史について多くの新たな仮説が提唱され、大きな知識のアップデートが起こった。大きな知識の変化があったということは、私のような新参者でもこれまでの議論に切り込む余地が大いにあるということである。また、利害関係がある程度少ない立場から研究内容について意見を述べることも可能である。本章ではまず、埴原が提唱した二重構造モデルについて総括を行い、最近のゲノム解析研究の結果から検証を行う。さらに、最近提唱されている三重構造モデルなどの他のモデルとの比較を行いたい。

埴原は骨や歯の形質を定量化し、そのデータを用いた多変量解析（主成分分析）によってサンプル間の特徴や相関を見出した。主成分分析は現代のゲノム解析においても盛んに用いられている手法で、埴原は日本における主成分分析を用いた集団解析の先駆者であるともいえる。

二重構造モデルが提唱されたのは1991年に発表された英語論文“Dual structure model for the population history of the Japanese”においてである（Hanihara, 1991）。二重構造モデルが世界的に広く認知されている理由は、この論文が英語で書かれ広くアクセス可能だったからというのもひとつの理由だろう。また、本論文はのちに埴原本人が和訳したものがAnthropological Science誌に掲載され（埴原, 1994）、ヤポネシア人の起源に関するこれまでの研究を丁寧に紹介し、わかりやすくまとめたうえで自説の展開を行っており、日本語でアクセスできる文章としては秀逸なものである。日本人類学会の学会誌であるAnthropological Science誌の論文はJ-STAGEにおいてすべて無料で公開されている。少々長いが、未読の方はぜひ一読されたい。本章ではこの論文に加え、総合地球環境学研究所名誉教授である長田俊樹がまとめた埴原のインタビュー記事（長田, 2022）などを参考にして議論を進めていく。

二重構造モデルの主要な主張　二重構造モデルについて埴原自らが描いた

図をもとにしたモデルを図 2.1 に示す。まず、二重構造モデルの主要な主張を箇条書きにしてみよう。

① 日本列島人（ヤポネシア人）は、旧石器時代に渡来した東南アジアを起源とする縄文系集団と、弥生時代以降に渡来した北東アジアを起源とする集団、ふたつの要素の混合で構成される。

② 混合は現代まで継続しており不均一である。日本列島内に見られる形質や文化の差は混合の程度の違いによって説明できる。

③ オキナワ人、アイヌ人の地域性も混合の不均一性で説明できる。このふたつの集団は共通の系統関係にある。

付随する主張として次のものがある。

④ 弥生時代以降の渡来系集団の人数は、古墳時代にかけて急増した。本土日本人（ヤマト人）全体の 70〜90% が、北東アジア系集団によって占められた。

二重構造モデルを修正したり、発展させたりするためには、これらの主張についてまず正しく理解をする必要がある。次項からはそれぞれのポイントについて考察を行っていく。

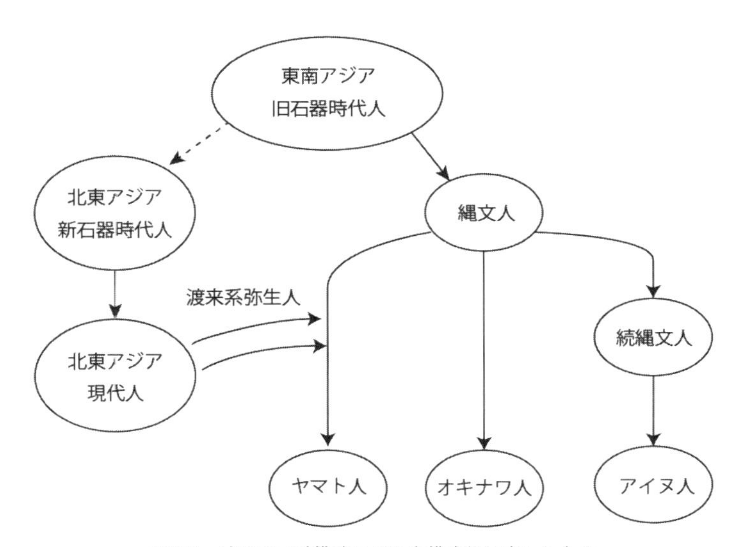

図 2.1　埴原の二重構造モデルを模式的に表したもの

2.1.2　二重構造モデルについての考察

二重構造とは何か　①の主張が二重構造モデルの一番重要な主張である。二重というのはふたつのものが重なった状態で存在しているという意味である。英語の“duality”は日本語では一般的に二重性、二元性と訳される。二元性とは、ふたつのものが同時に存在することを意味するが、必ずしも見た目として分かれている必要はなく、混ざりあっているものを構成する要素がふたつという意味でも用いられ、二重構造（dual structure）はこの状態を指している。

埴原は二重構造モデル論文のタイトルを“Dual structure model for the population history of the Japanese”とし、「集団史についての二重性」としている。しかし、この表現は日本語訳の表題には現れていない。論文の本文やその後の発言から、埴原は、ヤポネシア人は「ふたつの要素（element）」で構成されている、と述べている。つまり、二重構造モデルの「二重」が指し示すものは「二重の要素」である。

要素とは何だろうか。私のような遺伝学者から見ると非常に興味深いが、埴原は決して自分が見ているものを「遺伝的要因」とは呼ばず、当時発展しつつあった分子遺伝学を指すときにだけ遺伝学（genetics）という語を使っている。確かに埴原が専門とした骨や歯の形質は遺伝的要因だけではなく環境的要因によっても変化する。したがって、骨や歯の形質から得られた結果をすべて遺伝的要因に帰するものと主張するのははばかられたのだろうと推測できる。一般に、遺伝的要因と環境的要因の両方によって影響を受ける形質は、幅広い試料を集めて環境的要因の効果を打ち消すか、環境的要因を交絡因子として調整できるような情報を加えた試料を解析する必要がある。一方、二重構造モデルの主張は、骨や歯の形質を決める遺伝的要因があるという暗黙の前提に立って作られている[1)]。したがって、現代的な解釈ではこの「要素」は「遺伝的要素（特徴)」としてもよいだろう。

また、二重構造モデルの主要な主張はふたつの要素の起源地についての推定も含んでいると考えて問題ないだろう。縄文系の集団は東南アジアのどこかを

---

1)　もしかすると埴原は、文化的な差が遺伝的な差に起因し、さらにそれが形質にフィードバックされるようなことも考えていたのかもしれないが、どのように考えていたのかは私にはわからない。

起源とし、渡来系の集団は北東アジアのどこかを起源とする、という主張である。縄文人の起源に関しては、埴原は沖縄で発掘された港川人との類似性を認めており[2)]、柳江人や東南アジアの旧石器時代人がもつ古代型アジア人の特徴をもっていると考えていた。また、縄文人やアイヌ人、オキナワ人の形質が現代ヤマト人（本土日本人）よりもポリネシア人、ミクロネシア人に近いデータも示している（埴原，1984）。しかし、現在のゲノム解析からは、縄文人とミクロネシア・ポリネシア人との強い遺伝的関連は検出されていないことには注意する必要がある。

埴原は、渡来系の集団の起源を北東アジアとした。本章では北東アジアという言葉を使っているが、地域の名称がどこからどこまでの地域を指すかというのは、学問分野や個人によっても大きく変わる。二重構造モデル論文（Hanihara, 1991）の日本語訳では、弥生系渡来人の起源地については、「北アジア系（正確には北東アジア系）」と表現されており、論文内では両者の表記がぶれながら使われている。これまでのゲノム解析の結果からは、これらの地域は、中国北部から東北部、朝鮮半島、沿海州沿岸（アムール川流域）、内モンゴル、バイカル湖を中心とするシベリア一帯、などを指していると考えられる。

日本列島本土内での地域差　②に示した二重構造モデルのもうひとつの重要な主張が、現代においても観察される日本列島本土内での地域差が二重構造モデルで説明できるというものである。この重要性は見過ごされやすい。埴原は主として「東西の差」という言葉を使って地域差について表現していたが、近畿地方を中心とした地域と周辺地域、という表現も用いている。実際、形質においては、西日本であっても南部九州および四国においては縄文的特徴が強いということについて何度か触れられている。東西差という言葉は現代でも見られる文化的な差異を含めた現象を強調する概念として用いられたのだろう。二重構造モデル論文発表時は国際日本文化研究センター（日文研）に所属していたために、文化的な差異と人類学的な差異を結びつける表現をしたかったのかもしれない。

アイヌ人とオキナワ人の同系論　③の主張である。アイヌ人とオキナワ人

2)　直接の祖先とはいっていないことに注意。

がともに縄文系集団の特徴を色濃く残すという主張は、部分的には過去に提唱されてきたものであるが、二重構造モデルを仮定すると、この問題に対しても非常に明確な答えが得られる、というのがポイントである。二重構造モデルにおいて最重要視されているのは日本列島本土内の地域差であり、その延長線上にオキナワ人、アイヌ人の問題がある、というように私には読み取れる。また、埴原は東北地方の蝦夷と縄文人には連続性があると考えていた（Hanihara, 1990）。

100万人渡来説　最後の主張④は、現代ヤポネシア人における縄文系集団の影響の少なさについてのものである。この主張は論文の要旨においては触れられていないものの、二重構造モデルを特徴づける大きなものであると私には思われる。埴原は、小山修三による縄文時代から古墳時代にかけての人口推定データから（Koyama, 1978）、農耕社会に一般的に見られる人口増加率では、約600万人といわれる古墳時代初期の推定人口を説明できないと考えた。想定できる上限くらいの人口増加率を仮定して古墳時代の人口を説明しようとすると、100万人以上の渡来が必要である。この推定値は、当時考えられてきた弥生時代の開始時期約前3世紀から古墳時代が続く約8世紀まで、およそ1,000年間にわたって、平均1,000人が渡来してきたことに相当する。この推定値から移住終了時の縄文系成分の割合を予想すると、埴原が骨の形質により推定した10〜30%とおおむね一致している。実際の論文においては、埴原はいくつかの自然人口増加率を仮定して計算を行った。観察結果に近いものとして、年あたり0.2%の自然人口増加率を仮定すると、約150万人が渡来し、縄文人の遺伝的特徴は10%程度になる、との試算が示されている（Hanihara, 1987）。ゲノム解析からは、現代ヤマト人における縄文系遺伝的成分はおよそ10〜15%とされており、埴原による骨からの推定がかなり近いところにあるのは驚くべきことである。私は2021年に日文研において開催された「埴原和郎二重構造モデル論文発表30周年記念公開シンポジウム」において、弥生時代から古墳時代までの期間を現代的な年代観にあわせて1,500年程度とすると、より現実的な年あたり0.1%程度の自然人口増加率で人口増加を説明できるという結果を示した（長田，2022）。なお、渡来人数の合計はどちらの年代観でも同じく100〜150万人程度となる。ただし、私自身は、両者の混合が進んでいない状態においては、渡来系集団の自然増加率が縄文系集団の自然増加率よりも高いだろうという予想が計算に織り込まれていないので[3)]、この値は少々過大評価に傾いているのではないかと考えている。

2.2 東アジアにおける集団史の概観

近年のゲノム解析技術の発展により、日本列島だけではなく、中国、ロシアや朝鮮半島を含む広範な地域において集められた現代人・古代人ゲノムデータから、これまでにない解像度で、特に新石器時代以降の東アジアにおける集団史が明らかになりつつある。本章では詳細を語る余裕はないので、本節でそのエッセンスだけを紹介し、二重構造モデルとの対応について検討したいと思う。より深く知りたい方は Osada and Kawai (2021) およびその日本語解説記事（長田, 2021）を読んでいただければ幸いである。

2.2.1 旧石器時代人

ふたつの旧石器時代人の系統　東アジアにおける2万年前を遡るような旧石器時代人の古代ゲノム解析は、シベリアを含む北アジアでは比較的多く行われているものの、東南アジアや東アジアでは限られた例しか行われていない。これまでにゲノム解析が行われている東アジア・北アジアに存在した古い人類の系統は主に2種類ある。中国北京付近の約4万年前の田園洞（でんえんどう）人およびそれと系統を同じとする約3万3,000年前のアムール川流域の旧石器時代人に関連する系統（Mao et al., 2021）、シベリアのヤナ遺跡およびバイカル湖周辺のマリタ遺跡を中心とする旧石器時代人に関連する、古北（こきた）シベリア人と呼ばれる系統（Sikora et al., 2019）である。前者の集団の祖先はヒマラヤ山脈を北回りに、後者の集団は海岸線に沿った経路を中心にヒマラヤ山脈を南廻りに通ってこの地域にやってきたと考えられている。モンゴル北部のサンキット遺跡から見つかった約3万4,000年前の人骨は、前者が4分の3、後者が4分の1程度混合した個体であると推定されている。これらのうち、古北シベリア人とも呼ばれ

---

3) 渡来系集団のほうが稲作を受け入れた縄文系集団よりも人口増加率が高かったであろうという予想。

るヤナ集団の遺伝的要素は現在シベリアにいる少数民族に少しだけ（数%）残存しているが北東アジアにはあまり残っていない。現代人でもっとも彼らの遺伝的要素を引き継いでいるのはヨーロッパ人である。一方、田園洞やサンキットの集団からの遺伝的要素を強く受け継いでいる現代人集団は今のところ見つかっていない。おそらくこれらの集団は氷期には生息域を大きく拡大させたものの、その後氷期の終わりとともに滅んでいったのだろう。

縄文人の起源　縄文人の祖先はどのように日本列島に到達したのだろうか？　埴原が提唱したように、縄文人集団はヒマラヤ山脈を南回りでやってきた集団の末裔であり、縄文人のゲノム解析もその説を支持している（Gakuhari et al., 2020）。考古学的証拠からは縄文集団は北回りの集団からの文化的影響を大いに受けていることが広く知られているが、ゲノムおよび形質において強いつながりを示す証拠はない。私たちが行った研究によって縄文人とヤナ遺跡人がほんの少しだけ共通の遺伝的特徴をもつということが示されただけである（Osada and Kawai, 2021）。ただし、縄文人集団は近傍に遺伝的に似た集団が存在しないために、その成立過程についてはずいぶん不明な点が多い。

東アジアの古代人ゲノムを大規模に解析したWangらの論文では（Wang et al., 2021）、アンダマン諸島の集団などと共通の祖先をもち、東アジアの海岸線沿いにその痕跡を残すアジア人基層集団と、後に触れる中国南部を中心に広がった南方東アジア集団との混合によって、縄文人集団の遺伝的特徴を説明している。このモデルは、埴原が考えた縄文人集団の起源とおおむね整合性がある。いまだゲノム解析は行われていないが、もし東南アジア周辺において3〜4万年前以前の古代ゲノムが解読されれば、その特徴こそが縄文人集団の特徴を強く表しているかもしれない。より時代は新しくなるが、東南アジアを中心に約4万4,000年前から続いているホアビン文化をもった約8,000年前の狩猟採集民のゲノムが縄文人と似た特徴をもっていることも指摘されている（McColl et al., 2019）。縄文人集団の起源についてはまだ多くの未解明な点があるが、南回りで東アジアに到達した集団の一部であり、比較的古くに分岐した集団が中心となっていることは間違いないだろう（Kanzawa-Kiriyama, 2019）。

2.2.2 新石器時代人

現代東アジア人がもつ遺伝的特徴 現在の東アジア人の遺伝的多様性を概観すると、その遺伝的特徴はおもに4つの要素から構成されていることがわかる。北方東アジア的要素、南方東アジア的要素、縄文的要素、チベット的要素である。このうち、チベット的要素については縄文的な要素との関連がY染色体の研究からも指摘されている（Hammer et al., 2006）。決定的な証拠は未だないものの、おそらくこのふたつの集団に共通するものは、すでに述べた東南アジア・東アジア基層集団に由来するものであろう。

東アジア人のふたつの主要な祖先集団 二重構造モデルとその発展形について理解を深めるためには、残りのふたつ、北方東アジア的要素と南方東アジア的要素について知る必要がある。図2.2に、全ゲノムSNP[4)] データを用いて東南アジアから北東・北アジアにかけての現代人および古代人の遺伝的特徴をプロットした主成分分析の図を示す（Osada and Kawai, 2021）。チベット人は含まれていない。横軸である第一主成分に沿って、南北への遺伝的勾配を見ることができる。このような図は、南から北へ人類が徐々に拡散した結果によって作られたとも考えることが可能である。しかし、古代ゲノムの解析結果からは、この結果はもともとふたつの古代集団が拡散しながらひとつに混じりあった現象によって説明できることを示している。

新石器時代の始まり（大雑把には1万年前頃）に、中国を中心に農耕が広がりを見せることは周知の通りである。中国北部では、黄河流域に加え朝鮮半島・遼東半島の付け根付近にあたる西遼河流域でアワやキビを中心とした畑作が開始され、中国南部の長江流域では、稲作が開始される。注目すべきことは、新石器時代のそれぞれの地域の古代人は、現代中国人よりもさらに北方的および南方的特徴を強くもっていたということである（図2.2）。新石器時代前期には、北方東アジア的特徴をもった古代人は、先の古北シベリア人や田園洞系の集団を置き換える形で、黄河流域、中国東北部、沿海州、モンゴル、アムール川流域と幅広い領域に展開していた（Sikora et al., 2019）。南方東アジア的特徴をもった人々については研究例が少なくその全体像をつかむのは難しいが、

---

4) 一塩基多型。ゲノムの中の1塩基の違いのこと。

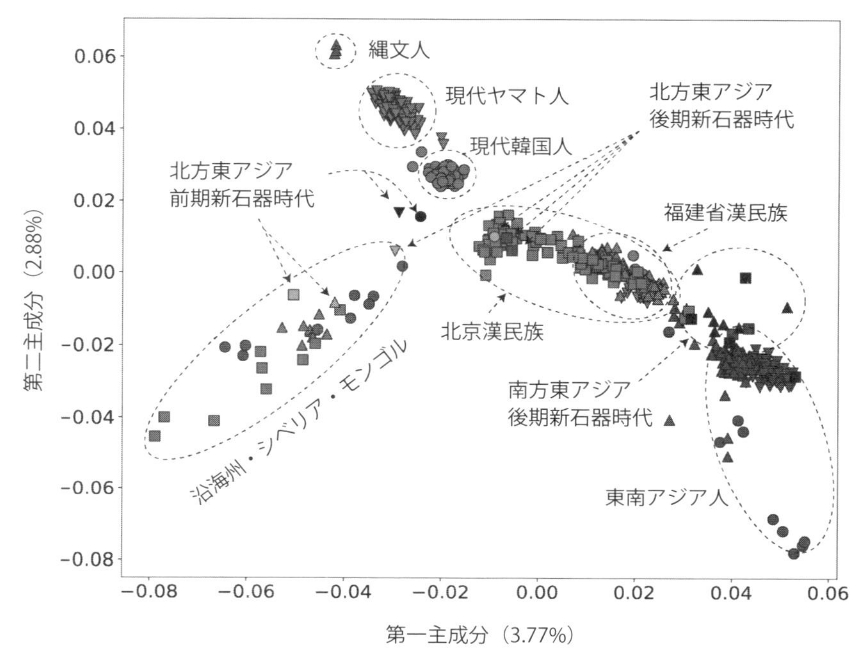

図 2.2　東南アジアから北アジアにかけての現代人・古代人ゲノムデータを主成分分析により示したもの（Osada and Kawai, 2021）

その後、時間が経ち農耕が拡散するにつれて、ふたつの集団は中国内では融合していき、北方東アジア人的な遺伝的要素はチベット、朝鮮半島、ヤポネシアまで拡散、南方東アジア人的な遺伝的要素は南下して東南アジアに進出するとともに、台湾を経由してフィリピンやポリネシアまで拡散したと考えられている。

ただし、Wang et al.（2021）のモデルでは、ここで私が指している南方東アジア的特徴のある程度が、旧石器時代人的特徴から由来しているとされている。実際、多くの東アジア沿岸部の集団が縄文集団と弱いながらも親和性をもつことが報告されている（Kanzawa-Kiriyama et al., 2019；Gakuhari et al., 2020）。北方・南方東アジア人集団という名前はあくまでも、新石器時代の初期にはそのような異なった遺伝的特徴をもつ集団があっただろう、ということを指している。

ふたつの集団の融合　埴原は、中国では歴史時代の戦争などを経て人々が複雑に移動したので、中国内部での遺伝的特徴の違いを見ることは難しいとの考えをもっていたようだ。しかし、現代中国人のゲノムデータからは、北京に住む中国人と福建省に住む中国人の遺伝的特徴は大きく異なっていることがわかる。図 2.2 では、北京の中国人が南から北まで幅広い遺伝的特徴をもつのに比べ、福建省の中国人はより東南アジアの人々に近いところに固まっているのがわかる。中国東部における集団の歴史は、北方東アジア人的特徴をもった集団と、南方東アジア的特徴をもった集団の混合の歴史ということができる。一方、沿海州沿岸およびアムール川流域においては、北方東アジア的特徴が新石器時代開始以降あまり変わらず続いている。また、ウイグルやモンゴルなど、ステップ地帯によって東西がつながれる地域では、新石器時代後期から青銅器時代にかけて、ヨーロッパ系の集団からの影響も見られる。

西遼河流域の人々の変遷　渡来系集団の起源地の候補として考えられている西遼河流域の歴史についても少し触れておこうと思う。朝鮮半島・遼東半島の付け根にあたり、内モンゴルとも重なるこの地域では、紀元前約 6,000 年前に始まる興隆窪（こうりゅうわ）文化において、特徴的な文化的遺物やアワの栽培などが指摘されている。少し時代が下った哈民忙哈遺跡[5]から発掘された紀元前約 3,700 年前の人骨のゲノム解析が行われており、かなり北方東アジア的な特徴をもっていることがわかっている。その後、ヒスイや龍の文化で有名な紅山文化（紀元前 4,700～2,900 年前）、夏家店（かかてん）下層文化（紀元前約 2,000～1,500 年前）と経て、農耕への依存度が高まるにしたがって、この地域の南方東アジア的要素が少しずつ増えていく（Ning et al., 2020）。この地域は、この時期までは降水量もあり農耕に適していたと考えられるが、4.2 ka イベントとも呼ばれ、約 4,200 年前に始まる寒冷化・乾燥化によって大きな影響を受ける（Yang et al., 2015）。紀元前 1,100 年頃にはじまり青銅器文化に分類される夏家店上層文化は遊牧民的な文化的特徴をもっていた。夏家店上層文化をもつ龍頭山遺跡から発掘された 3 体の人骨のゲノム解析が行われている（Ning et al., 2020）。2 体の特徴は直前の下層文化のものとそこまで変わらなかったが、1 体のゲノムの特徴は非常に北方東アジア的な特徴が強く、ツングース系の現代人に近いゲノムを持っ

5)　文献がなく読み方は不明。中国語の発音では「ハミンマンガ」、日本語読みだと「はみんぼうは」か。

ていた（Ning et al., 2020）。このことは、4.2 ka イベントを境に、農耕が発展した地域に、北方東アジア的特徴が強く遊牧民的特徴をもった人々が青銅器とともに移動し、集団の特徴を置き換えたことを示唆している。

ちなみに、この極端な特徴をもつ1個体のゲノムがヤポネシア人の渡来系集団の仮想的な祖先としていろいろな解析で用いられている。この個体が所属していた集団は農耕民ではなく牧畜民的な特徴をもっていたことについては注意する必要がある。また、新石器時代前期の山東半島で見つかった古代人も似たような遺伝的特徴をもっている。つまり、これらのことからいえるのは、渡来系集団の祖先として仮定される集団は北方東アジア的特徴が強かった、ということだけであり、直接の祖先集団をゲノム解析からあてることの難しさを示している。

● 2.3　二重構造モデルの発展形

これまで、二重構造モデルがどのようなもので、それが現在のゲノム解析によってどれだけ裏付けられているかを考察してきた。本節では、これまでゲノム研究に基づいて提唱されている二重構造モデルの発展形（埴原にいわせるとポスト・二重構造モデル）、特に「三重構造モデル」について、二重構造モデルとの違いやその妥当性について議論したい。果たして二重構造モデルはこれらの批判にたえうるものなのか、また、これからはヤポネシア人の起源は三重構造であると認識を変えなければいけないのかを探っていきたい。

内なる二重構造モデル　ヤポネシアゲノムプロジェクトの領域代表である、当時国立遺伝学研究所教授であった斎藤成也は、プロジェクトの開始にあたって、これからの大規模ゲノム研究によって明らかにするべきものとして「内なる二重構造モデル」と「三段階渡来モデル」を提案した。内なる二重構造モデルは第1章において詳しく説明されている。

内なる二重構造モデルは、埴原が東西の差と呼んだ日本列島本土内での集団差を、北部九州–瀬戸内海沿岸–近畿–東海–南関東、という日本社会の中心軸とその周辺とで考えようというものである。埴原は二重構造モデル論文の中ですでに、西日本であっても南九州・四国における縄文的特徴の強さについては言及していた。しかし、埴原がこだわっていた東西の差よりは正確に状況を説明しているように思える。また、斎藤らがSNP解析によって示した、出雲地域の集団が東北や南九州の集団などと共通な特徴をもつという結果は確かに埴原の二重構造モデルでは触れられていない新たな構造を示すものでもある。近年行われた全ゲノムレベルでの解析では、埴原も認識していたような畿内中心の遺伝的勾配が観察されている（Watanabe et al., 2021；Kawai et al., 2023）。

また、より狭義の内なる二重構造モデルは三段階渡来モデルも含めたモデルと解釈される。三段階渡来モデルでは、これらの遺伝的特徴が単に縄文系集団と弥生系渡来集団の混合の不均一性に由来するのではなく、縄文時代後期から晩期にかけて起こったと考えられる（斎藤が海の民と呼ぶ人々の）大陸からの移住の影響であるとする。この場合、縄文後期から晩期にかけては日本列島内の縄文人の遺伝的特徴に地域差ができ、それが現代人の遺伝構造に反映されていることが予想される。現在この説をサポートできる縄文人ゲノムデータはそろっていないが、今後さまざまな地域から見つかったさまざまな時代の縄文人ゲノムが解読されれば検証が可能なモデルである。また、斎藤は三段階渡来モデルの別の可能性として、二段階目の渡来を弥生時代前半、三段階目の渡来を弥生時代後半以降とするモデルも紹介している。この場合、移住の時期に関しては次に紹介するCooke et al.（2021）の三重構造モデルに近くなるが、三段階渡来モデルはあくまでも内なる二重構造を説明するためのモデルと考えられるので、日本列島内の地域性には触れていないCookeらの三重構造モデルとは異なっているように思われる。

三重構造モデル　近年注目を集めているのが三重構造（tripartite structure）モデルである。このモデルを最初に提唱した論文はCookeらによるものである（Cooke et al., 2021）。この説は、弥生時代から古墳時代にかけての古代人ゲノムが、弥生時代は縄文系と純粋な北方東アジア系集団の混合でよく説明できるのに対して、古墳時代に時代が進むにつれ、現代北京漢民族中国人[6]で代

6）Osaka and Kawai（2021）およびKim et al.（2024）においては現代漢民族中国人よりも現代韓国人のほうが現代日本人の渡来的特徴を表すのに適切であるという結果が得られていることに注意が必要。

表されるゲノムの特徴が強くなっているということから提唱された。現代北京漢民族中国人で表されるゲノムの特徴とは、北方東アジア的特徴に少し南方東アジア的特徴が加わったようなものだと考えらえる。つまり、時代が進むと、より南方東アジア的要素が日本列島で強くなってくるということである。

限られたサンプルでしか議論が進められていない[7]という批判はひとまず無視して、このモデルが何を意味するのかを考えていこう。Cookeらの三重構造モデルは、弥生時代から古墳時代にかけての渡来系集団の質的な変化に注目していると思われる。埴原の二重構造モデルは弥生時代から古墳時代まで多くの渡来集団がやってきたことを想定しているが、それがどのように変化していったのかは想定していない。埴原は古墳時代に中国から直接の渡来があったことは想定したが、すでに述べた通り、中国内の北か南かということにはあまり興味がなかったようだ。すなわち、細かい違いをとらえて精緻なモデルを作るのではなく、大雑把にでも全体の特徴をつかんだモデルを重視したということである。残念ながら埴原が研究を行っていた時代には古代ゲノム解析がなかったので、古代の中国集団がより特徴的な遺伝的構造を南北に分かれてもっていたことなどは知りようがなかった。

研究データが明確に示しているかどうかは別として、Cookeらが提唱する、弥生時代から古墳時代にかけての渡来系集団の遺伝的特徴の変化は、これまでわかっている東アジア全体の集団の動きと符合する。すでに触れた通り、中国・朝鮮半島の集団の歴史は、北方東アジア的特徴をもった集団と南方東アジア的特徴を持った集団の混合の歴史である。特に、中国における国家の成立や対立、それらに伴う文明の交流と発展が遺伝的な混合に拍車をかけただろう。1,000年以上にわたってヤポネシアに渡来してきた集団も例外なくその影響を受けた可能性がある。

南方東アジア的要素がどのようにしてヤポネシアにやってきたのかということは当然な疑問である。しかし、二重構造モデルは、渡来集団がどこから何回

7)　弥生人の代表として2個体の西北九州弥生人、古墳時代人の代表として3個体の金沢産人骨のみが解析されている。西北九州弥生人は北部九州弥生人と異なり、縄文的特徴を強く残す形質をもっていることが埴原のデータでも示されている。西北九州弥生人は稲作文化をもっていなかった。

やってきたかということがコンセプトの中心にあるわけはなく、その「要素」に関するモデルであることはすでに何度も説明し、納得してもらえたと思う。

今後、弥生時代人・古墳時代人の古代ゲノム解析が広い地域にわたって長い時間軸で進められることにより、より高い解像度で渡来系集団の遺伝的特徴の変遷をたどることが可能になるだろう。また、朝鮮半島における古代人ゲノム解析の進展も重要である。現在はまだ点と点をかろうじてつなぐような断片的なデータしか得られていないが（Robbeets et al., 2021）、朝鮮半島の集団の遺伝的特徴も時代とともに大きく変遷しているはずである。特に、中国からの影響が時代とともに強くなってくることは容易に想像がつく。これらのデータが補完されることによって、二重構造モデルと三重構造モデルは比較検証可能なモデルとなるだろう。今後の研究の進展が期待される。

その他、三重構造について触れた研究には、3,000 人以上のヤポネシア人のエキソーム解析を行った劉らの研究がある（Liu et al., 2024）。この研究はヤポネシア人の遺伝的特徴と遺伝子の機能変異を結びつけた研究としては価値が高いものの、データがどのように三重構造モデルを支持するのかという点では判断が難しい。この論文では、ヤポネシア人の遺伝的特徴を、ADMIXTURE というソフトウェアを用いてクラスタリングしており、そのときの推定されたクラスターの数が 3 であることを重要視している。ADMIXTURE は広く使われているゲノムのクラスタリングソフトウェアであるが（Alexander et al., 2009）、広く使われるようになったことによるいくつかの功罪もある。ADMIXTURE では、推定される遺伝的特徴を祖先集団（ancestral population）という名前で呼んでいる。しかしこれはあくまでも「このような祖先集団がいたと仮定するとデータをうまく説明できます」というだけのものであって、本当にそのような集団が存在したかどうかとは関連が薄い。特に、集団ごとのサンプルサイズの違いなどに結果が大きく影響を受け、間違った答えも出すことが知られている。ADMIXTURE の結果だけに頼って何かを結論づけるのには注意が必要である。

展　望　二重構造モデルはこれからもディファクトスタンダードでありつづけるか。埴原は二重構造モデルが完成されたものだと考えてはいなかったので、その後の議論を期待して「説」ではなく「モデル」とした。三重構造または四重構造モデルのように発展していくことも念頭に入れていたようだ。

旧来のモデルを批判したり修正したりすることが非常に難しいものであることは周知の事実である。数学の証明と違い、広範で複雑な理論や事実の積み重ねによって作られる説またはモデルは、どの部分がどこまで否定されると、否定・修正されるのだろうか。その答えは研究者や研究コミュニティによっても異なっている。本章では少なくとも、今後の議論が進むように二重構造モデルの論点について、埴原の意図も読み取りながら整理してみたつもりだ。もちろん私の主観も十分に入っているが、それは避けらないものであるので、理解されたうえで今後の議論の助けになると幸いである。

文 献

Alexander D. H., Novembre J., and Lange K.（2009）Fast model-based estimation of ancestry in unrelated individuals. *Genome Research* **19**（19）：1655–1664.

Cooke N. P. et al.（2021）Ancient genomics reveals tripartite origins of Japanese populations. *Science Advances* **7**（38）：eabh2419.

Gakuhari T. et al.（2020）Ancient Jomon genome sequence analysis sheds light on migration patterns of early East Asian populations. *Communications Biology* **3**：437.

Hammer M. F. et al.（2006）Dual origins of the Japanese：common ground for hunter-gatherer and farmer Y chromosomes. *Journal of Human Genetics* **51**：47–58.

Hanihara K.（1984）Origins and affinities of Japanese as viewed from cranial measurements. *Acta Anthropogenetica* **8**（1–2）：149–158.

Hanihara K.（1987）Estimation of the number of early migrants to Japan：a simulative study. *The Journal of Anthropological Society of Nippon* **95**（3）：391–403.

Hanihara K.（1990）Emishi, Ezo and Ainu：an anthropological perspective. *Japan Review* **1**：35–48.

Hanihara K.（1991）Dual structure model for the population history of the Japanese. *Japan Review* **2**（5）：1–33.

埴原和郎（1994）二重構造モデル：日本人集団の形成に関わる一仮説. *Anthropological Science* **102**：455–477.

Kanzawa-Kiriyama H. et al.（2019）Late Jomon male and female genome sequences from the Funadomari site in Hokkaido, Japan. *Anthropological Science* **127**（2）：83–108.

Kawai Y. et al.（2023）Exploring the genetic diversity of the Japanese population：insights from a large-scale whole genome sequencing analysis. *PLOS Genetics* **19**（12）：e1010625.

Kim J. et al.（2024）Genomic analysis of a Yayoi individual from the Doigahama site provides insights into the origins of immigrants to the Japanese Archipelago. *Journal of Human Genetics*, **70**：47–57

Koyama S.（1978）Jomon subsistence and populations. *Senri Ethnological Studies* **2**：1–65.

Liu X. et al.（2024）Decoding triancestral origins, archaic introgression, and natural selection in the Japanese population by whole-genome sequencing. *Science Advances* **10**（16）：eadi8419.

Mao X. et al.（2021）The deep population history of northern East Asia from the Late Pleistocene to the Holocene. *Cell* **184**（12）：3256-3266.

McColl H. et al.（2018）The prehistoric peopling of Southeast Asia. *Science* **361**（6397）：88-92.

Osada N. and Kawai Y.（2021）Exploring models of human migration to the Japanese archipelago using genome-wide genetic data. *Anthropological Science* **129**（1）：45-58.

長田直樹（2021）ゲノム規模の遺伝子データを用いた日本列島への人類の移動モデルの探索. *Yaponesian* **3**（https://github.com/nosada17/Yaponesian/blob/main/Yaponesian_v3_1_1.pdf）：17-21.

長田直樹（2022）東アジアから俯瞰する二重構造. *Yaponesian* **3**（https://github.com/nosada17/Yaponesian/blob/main/Yaponesian_v3_1_1.pdf）：12-13.

長田俊樹（2022）埴原和郎先生インタビュー. *Yaponesian* 第4巻特集号（https://github.com/nosada17/Yaponesian/blob/main/Yaponesian_Special_Nov21.pdf）.

Robbeets M. et al.（2021）Triangulation supports agricultural spread of the Transeurasian languages. *Nature* **599**：616-621.

Sikora M. et al.（2019）The population history of northeastern Siberia since the Pleistocene. *Nature* **570**：182-188.

Wang C.-C. et al.（2021）Genomic insights into the formation of human populations in East Asia. *Nature* **591**：413-419.

Watanabe Y. et al.（2021）Prefecture-level population structure of the Japanese based on SNP genotypes of 11.069 individuals. *Journal of Human Genetics* **66**：431-437.

Yang X. et al.（2015）Groundwater sapping as the cause of irreversible desertification of Hunshandake Sandy Lands, Inner Mongolia, Northern China. *Proceedings of the National Academy of Sciences of the United States of America* **112**（3）：702-706.

ヤポネシア人ゲノムの多様性

大橋　順

現代日本人は、縄文人と弥生時代以降に東アジア大陸から来た渡来人が混血した集団である。日本人集団内の遺伝的構造を調べたところ、東北・九州地方の人は縄文人由来のゲノム成分を、近畿・四国地方の人は渡来人に由来するゲノム成分を多く保有することがわかった。また、縄文人に由来する変異の解析から、縄文人と渡来人はそれぞれの生業に適した遺伝的素因を備えていたことが示唆された。

● 3.1　日本人集団の遺伝的構造

日本列島はユーラシア大陸東部に位置し、北海道、本州、四国、九州の4つの大きな島と多くの小さな島、そして琉球諸島で構成されており、南北約3,000 kmの弧状列島である。日本人集団はふたつの小集団（アイヌ人とオキナワ人）とひとつの大集団（ヤマト人）から構成されている。これまでの頭蓋形態の研究から、アイヌ人とオキナワ人はヤマト人よりも縄文人に近く、東北地方のヤマト人はアイヌ人に近いことが示唆されている。遺伝学的研究からも、縄文人とアイヌ人およびオキナワ人との関連性が確認されており、オキナワ人よりもアイヌ人のほうが縄文人に遺伝的に近いことが示されている。

ヤマト人とオキナワ人との遺伝的分化を明らかにした先行研究は多くあるが、ヤマト人の都道府県間の遺伝的差異は十分に理解されていない。日本は

47の行政区画（都道府県）に分かれており、それらは9つの地方（北海道、東北地方、関東地方、中部地方、近畿地方、中国地方、四国地方、九州地方、沖縄県）に分けられ、Yamaguchi-Kabata et al.（2008）は、日本の7つの地方にある病院で治療を受けた7,003人の日本人患者のゲノムワイドSNP（single nucleotide polymorphism；一塩基多型）データに基づき、日本人は遺伝的に分化していることを示した。しかし、四国地方と中国地方は対象に含まれていなかった。また、都道府県レベルの遺伝的構造は不明であった。そこで、より高い分解能で日本人集団の遺伝的構造を調べるために、我々は47都道府県に居住する日本人約1万1,000人のゲノムワイドSNPデータを用い、日本人集団内の遺伝的構造について調べた（Watanabe et al., 2021）。

3.1.1　個体レベルの遺伝的成分

データセット　Illumina社のHumanCore 12 Custom BeadChipとHuman Core24 Custom BeadChipを使用して、ゲノムワイドSNP遺伝子型タイピングを実施した。遺伝子型データのクオリティコントロール（QC）として、タイピングしたSNPの中から、Hardy-Weinberg平衡検定のP値が0.01より大きく、SNPコール率が0.99より大きいSNPを選択した。また、サンプルコール率が0.9より大きいサンプルを選択した。次に、1000人ゲノムプロジェクト（1KGP）データベース（The 1000 Genomes Project Consortium, 2015）より中国・漢民族の遺伝子型データを取得し、上記と同様の条件でQCを行い、103人の中国・漢民族の遺伝子型データを使用することにした。これと、我々がタイピングした日本人のデータセットを併合したところ13万8,688カ所の常染色体SNPが共有されていた。日本人と中国・漢民族の全サンプルに対して主成分分析を行い、主成分分析プロットで中国・漢民族に近い116人の日本人サンプルを除外した。主成分分析とは、分散共分散行列あるいは相関行列の固有値分解に基づいて、データの次元削減（ここでは、SNP数）を行う統計手法のことである。さらに、個体間で祖先を共有することが原因で生じる同一アレルの共有個数を計算し、日本人サンプル中の近親者を除いた。最終的に、1万1,069人の日本人サンプルが以下の解析に使用された。中国・漢民族を含む解析では13万8,638カ所の常染色体SNPを、日本人のみを対象とする解析では18万3,708カ所の常染色体SNPを用いることとした。

主成分分析　1万1,069人の日本人と103人の中国・漢民族のSNP遺伝子型データに対して主成分分析を行うと、中国・漢民族、オキナワ人、ヤマト人の3つのクラスターに分かれた。傾向として、東北地方の人は沖縄県の人に近く、近畿地方の人は中国・漢民族に近かった。

3.1.2　都道府県レベルの遺伝的構造

クラスター解析　中国・漢民族を含めて、f_2 統計量によって集団間距離を計算し、得られた距離行列をもとに、Wardの最小分散分析法を用いてクラスター分析を行った。沖縄県は他の都道府県とは大きく異なっていた。沖縄を除く46都道府県は3つのクラスターに分かれ、第一クラスターに東北地方の全県、第二クラスターに近畿地方・四国地方の全府県、第三クラスターに中国地方・九州地方の全県が含まれた。したがって、これらの5つの地方内の府県は、遺伝的に比較的均一であると考えられる。一方、関東地方や中部地方の都県は3つのクラスターに分散していた。

都道府県レベルでの主成分分析　都道府県レベルで日本人の遺伝的構造を理解するために主成分分析を行った（図3.1）。PC1（第一主成分）とPC2（第二主成分）の分散の割合は、それぞれ3.1%と2.6%であった。同一地方の都道府県は近接していた。PC2は、都道府県庁所在地の緯度（Pearsonの相関係数 $R=0.81$、P 値 $=3.21\times10^{-12}$）および経度（Pearsonの相関係数 $R=0.85$、P 値 $=2.38\times10^{-14}$）と強く相関していたが、PC1は相関していなかった。したがって、PC2は各都道府県のおおよその地理的位置を反映しており、これは隣接する都道府県間の移住や混血によるものと考えられる。次に、PC1に着目すると、沖縄は他の都道府県から離れており、東北地方と九州地方の県は沖縄に比較的近い位置にあった。沖縄からもっとも遠いのは近畿地方と四国地方の府県であった。沖縄県はオキナワ人の遺伝的特徴を反映しており、オキナワ人が縄文人に遺伝的に近いことを踏まえると、PC1は縄文人との遺伝的近縁性を反映している（値が大きいと縄文人に近い）可能性がある。

各都道府県と中国・漢民族間の f_2 統計量を計算したところ、47都道府県の中では奈良県が遺伝的に中国・漢民族にもっとも近く（f_2 値が最小）、近畿地

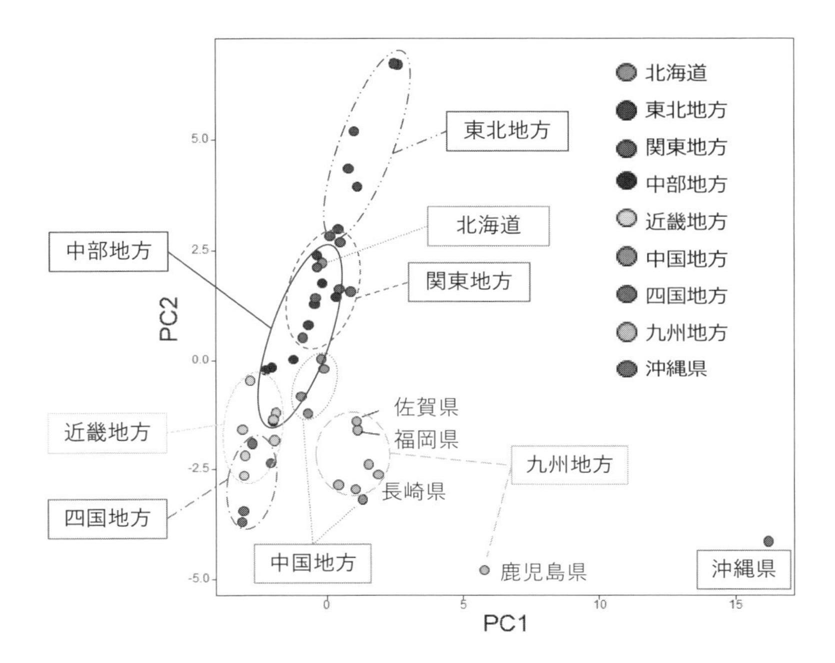

図 3.1　47 都道府県の PCA プロット（口絵 2 参照）

方と四国地方の県は、他の地方の都道府県よりも中国・漢民族に近かった。また、f_2 統計量と図 3.1 の PC1 は有意に相関していた（Pearson の相関係数 $R=-0.88$、P 値 $=3.79\times10^{-16}$）。現在の中国・漢民族が渡来人の遺伝的特徴を維持している（遺伝的に近縁）と仮定すれば、PC1 は、縄文人と渡来人のふたつの祖先集団との遺伝的類似性を反映している（PC1 の値が大きければ縄文人に近く、小さければ渡来人に近い）といえるだろう。

● 3.2　縄文人由来変異

近年、古代 DNA 解析が盛んに行われ、多数の縄文人ゲノムが解析されている。しかし、DNA 損傷のせいで、現代人に匹敵するほどのカバレッジの高い配列データを得ることはきわめて難しく、縄文人集団中の SNP のアレル頻度を推定することは困難である（同一 SNP 部位が解析される個体数は少ないため)。そのため、縄文人集団が、どのような遺伝的特徴を有していたのかはよく理解されていない。我々は、現代日本人ゲノムの中から、縄文人に由来する変異を抽出することで、縄文人集団の遺伝構成を復元することを試みた(Watanabe and Ohashi, 2023)。

3.2.1　縄文人由来変異の抽出

ancestry marker index（*AMI*）　縄文人が日本列島で孤立してきたことを考えると、縄文人に由来する変異は現代の日本人集団にのみ観察される変異（日本人特異的変異）である可能性が高い。そのような日本人特異的変異には、（タイプ 1）縄文人と東アジア人の共通祖先集団内で生じたが東アジア人で失われた変異、または縄文人集団内で生じた変異、（タイプ 2）大陸系東アジア人に由来するが大陸系東アジア人では失われた変異、（タイプ 3）縄文人と渡来人の混血後に日本人集団で生じた変異、の 3 種類がある（図 3.2)。ここで、タイプ 1 の変異を縄文人由来変異と定義する。観察された日本人特異的変異

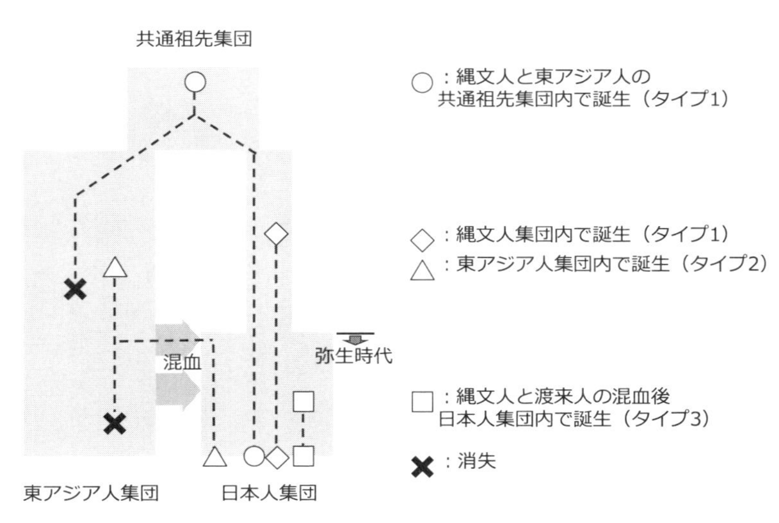

図 3.2　日本人特異的変異
日本人特異的変異は、縄文人と東アジア人の共通祖先集団内で誕生、または縄文人集団内で誕生（タイプ 1)、東アジア人集団内で誕生（タイプ 2)、縄文人と渡来人の混血後に日本人集団内で誕生（タイプ 3）したものに分けられる。

（実際のデータ）の中から、タイプ1の変異を選ぶ（タイプ2とタイプ3の変異から区別する）ことはできないので、合祖シミュレーションを用いて、タイプ1の変異を精度よく抽出できる統計量とその条件を検討した。

合祖シミュレーションでは、縄文人は他の東アジア人と1,200世代前（およそ3万年前に相当）に分岐し、東アジア人集団から来た渡来人と混血する集団モデル（図3.2）を仮定した。混血は、120世代前（弥生時代）から80世代前（古墳時代）まで毎世代起こり、先行研究（Kanzawa-Kiriyama et al., 2017）での推定に基づき、最終的に12%の縄文人ゲノム成分が日本人集団中に残るように混血率を設定した。次に、合祖シミュレーションで作成した1 Mbの配列中の日本人特異的変異を、その誕生した時期と集団から、タイプ1、タイプ2、タイプ3の変異に分けた。縄文人由来変異（タイプ1）同士は、互いに弱い連鎖不平衡を維持しながら密集して存在すると期待される。そこで、そのような特徴をもつ変異を精度よく抽出すため、以下で定義するancestry marker index（*AMI*）を各日本人特異的変異について計算した。

$$AMI = \frac{\text{1 Mbの配列中にある連鎖不平衡係数}\ (r^2)\ \text{が0.01より大きい日本人特異的変異数}}{\text{1 Kbあたりの日本人特異的変異数}}$$

タイプ1の変異はタイプ2やタイプ3の変異よりも大きな*AMI*値を示し、受信者動作特性（ROC）解析によって、タイプ1の変異を抽出するのに最適な*AMI*の閾値を28.0374と決定した。ROC解析とは、タイプ1とそれ以外のような2つのアウトカムを、*AMI*値のような連続する変数（独立変数）の値によって予測（*AMI*値がある値以上であればタイプ1、その値未満であればタイプ1以外のように予測）した場合に、精度よく予測する閾値を求めるための統計手法である。

Korean Personal Genome Project（KPGP）（Kim et al., 2020）の韓国人87人と1KGデータベースにある26集団のデータセットを用いて、約170万個のSNPが日本人（1KGP-JPT）に特異的であることが判明した。これらのSNPのうち、*AMI*の閾値（28.0374）を超えた20万8,648個のSNPを縄文人由来SNPとみなした。縄文人由来SNPはゲノム全体に分布していたが、高いアリル頻度を示す縄文人由来変異が密集するゲノム領域や、縄文人由来変異を含めて日本人特異的変異がほとんど観察されないゲノム領域も存在していた。

Jomon allele score（*JAS*） 縄文人由来変異の保有数を個体間で比較するために、各個体に対して以下で定義する Jomon allele score（*JAS*）を計算した。

$$JAS = \frac{\text{保有する縄文人由来変異数}}{2\times(\text{検出したすべての縄文人由来SNP数})}$$

ここで、各縄文人由来SNPにおいて、1個体が保有する縄文人由来変異は0個、1個、2個のいずれかであるので、分母には2が掛けてある（*JAS*の理論上の最大値は1）。

まず、縄文人由来変異の検出能を調べるために、伊川津縄文人（Gakuhari et al., 2020）と船泊縄文人（Kanzawa-Kiriyama et al., 2019）の2個体と現代日本人（1KGP-JPT）の*JAS*を比較した（図3.3）。1KGP-JPTに含まれるサンプルのうち、NA18976というIDのサンプルは主成分分析により遺伝的に中

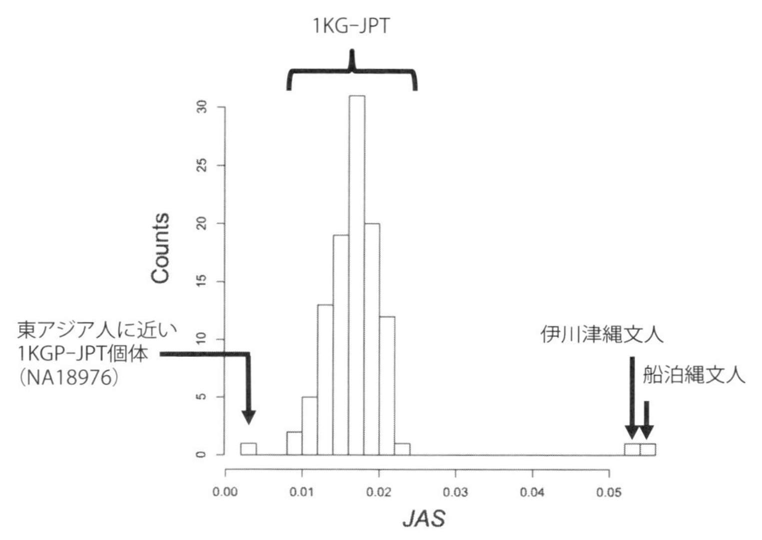

図3.3 1KGP-JPT（東京在住の日本人）104個体と縄文人2個体（伊川津縄文人と船泊縄文人）の*JAS*

現代日本サンプルに含まれているNA18976というIDのサンプルは、遺伝的に大陸の東アジア人に近いことが知られている。

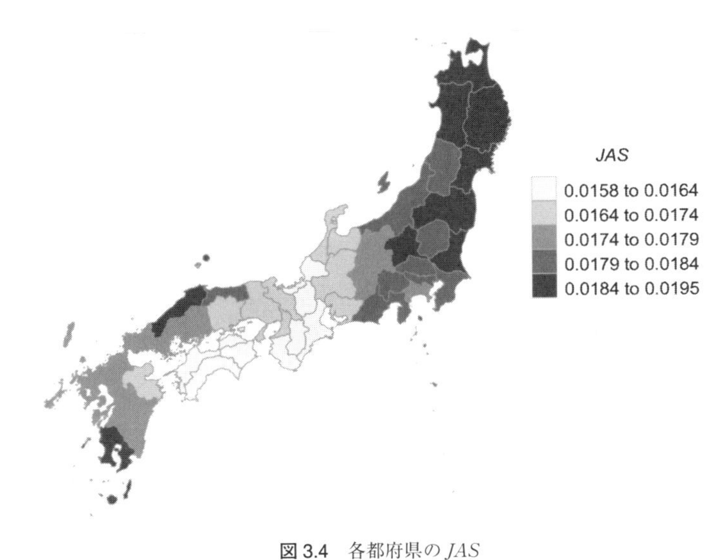

図 3.4 各都府県の *JAS*
平均 *JAS* が高い都府県は、濃い色で図示されている。最も平均 *JAS* が大きいのは沖縄県であるが、他の都府県の相対的な値を視覚化するために沖縄県は含めていない。なお、明治時代以降の移民の影響が大きい北海道は解析から除いた。

国・漢民族（1KGP-CHB）に近いことがわかっていたが、予想通りこのサンプルの *JAS* は 0.00269 ともっとも小さかった。伊川津縄文人と船泊縄文人の *JAS* はそれぞれ 0.0523 と 0.0555 と大きく、現代日本人で 0.025 を超える *JAS* の値を示した個体はいなかった（NA18976 サンプルを除いた現代日本人の平均 *JAS* は 0.0164）。伊川津縄文人や船泊縄文人の *JAS* が日本人の *JAS* より大きかったことは、縄文人由来 SNP を適切に検出できたことを示唆している。注意したいのは、縄文人個体であっても *JAS* の値は 0.05 程度である点である。縄文人由来変異の大部分は縄文人集団で固定していたわけではないため、縄文人個体のゲノムを直接調べても、限られた縄文人由来変異しか観察されない。現代日本人のゲノムデータから縄文人由来変異を抽出する最大の利点は、縄文人数個体から得た高精度ゲノムデータよりも、はるかに多くの縄文人由来変異を検出できることである。

JAS の地理的分布　次に、都府県ごとの平均 *JAS* を計算した（図 3.4）。*JAS* は沖縄（0.0255）がもっとも高く、次いで東北地方と関東地方が高く、近畿地方と四国地方が低かった。都府県単位で見ると、青森県（0.0192）、岩手県（0.0195）、福島県（0.0187）、秋田県（0.0186）、および鹿児島県（0.0186）で*JAS*が高く、島根県（0.0186）でも*JAS*が高かった。このことから、遺伝的成分の地域差をもたらしている主要因は、縄文人由来ゲノム成分と渡来人由来ゲノム成分の割合といえる。

日本列島内で*JAS*に地域差が生じた要因を探るべく、*JAS*と文化庁埋蔵文化財統計調査報告書から得られた遺跡数との相関、縄文時代晩期の遺跡数から推定した人口規模との相関、$\log_{10}$(弥生時代の遺跡数 / 縄文時代晩期の遺跡数)との相関を調べた。その結果、縄文時代の人口規模が小さい地域ほど*JAS*は低いことがわかった。したがって、より多くの渡来人がこれらの地域に進出したために、*JAS*が低くなったと推察される。

炭化米の放射性炭素年代測定によって日本国内への稲作の到達時期を推定した研究（Crema et al., 2022）では、稲作が九州北部に到達した後、南九州よりも早く近畿・四国地方に到達したことを指摘している。以上の結果を踏まえると、縄文人と渡来人の混血は日本列島で同時期に起こったわけではなく、大規模な混血が近畿・四国地方といった日本列島の中央部で先行して起こり、その後、混血した人々が徐々に日本列島に拡散して各地域の縄文人と混血した可能性が高いと考えられる。

3.2.2　縄文人集団と渡来人集団の表現型推定

縄文人集団と渡来人集団のアレル頻度推定　現代日本人419人の全ゲノムデータ（THCデータセット）から、偽陽性を極力減らすために*AMI*の閾値を100（28.0374よりもかなり厳しい）に設定して縄文人由来変異を検出した。現代日本人でマイナーアレル頻度が1%以上のSNPについて、その上流または下流の10 kb領域における縄文人由来変異の有無によって、「縄文人由来ハプロタイプ上のアレル」と「渡来人由来ハプロタイプ上のアレル」に分けた。前者を、縄文人集団のゲノム、後者を渡来人集団のゲノムとみなし、648万1,773個のSNPについて縄文人集団と渡来人集団のアレル頻度を推定した。

集団平均ポリジェニックスコア（*PAPS*）　次に、縄文人集団と渡来人集団における量的形質の平均的な表現型を比較するために、THCデータセットから推定したアレル頻度と、現代日本人集団を対象に行われたさまざまな量的形質（おもに血液検査項目）に対する大規模 QTL-GWAS（量的形質座位ゲノムワイド関連解析）結果（Akiyama et al., 2017；Kanai et al., 2018；Akiyama et al., 2019）を組み合わせて、縄文人集団と渡来人集団の集団平均ポリジェニックスコア（population-averaged polygenic score；PAPS）を以下の式で求めた。

$$PAPS = \frac{\sum_{i=1}^{n} 2\beta_i f_i}{n}$$

ここで、β_i は、QTL-GWAS で P 値が 0.01 以下となった i 番目の SNP の効果（GWAS で求めた回帰係数）を表し、f_i は、i 番目の SNP の効果アレルの集団頻度である。各形質について、各 SNP のアレル頻度 f_i を縄文人集団と渡来人集団にランダムに振り分け、$PAPS$ の帰無分布を 1,000 回の並べ替えシミュレーションにより求めた。並べ替えシミュレーションから得られた $PAPS$ の帰無分布の 97.5 パーセンタイルおよび 2.5 パーセンタイルを用いて、以下で定義する指標 D を各形質に対して算出し、縄文人集団と渡来人集団の $PAPS$ の差を評価した（図 3.5）。

$$D = \frac{\text{縄文人集団の}\,PAPS - \text{渡来人集団の}\,PAPS}{\text{帰無分布の 97.5 パーセンタイル} - \text{帰無分布の 2.5 パーセンタイル}}$$

中性脂肪値（TG）および血糖値（BS）の D 値は大きく、身長（hight）、CRP および好酸球数（eosino）の D 値は小さかった。このことから、縄文人は身長が低く、中性脂肪値と血糖値が高くなりやすい遺伝的素因を、渡来人は身長が高く、CRP と好酸球数が高くなりやすい遺伝的素因をもっていたといえる。身長に関しては、これまでのいくつかの形態学的研究から、縄文人は弥生時代や古墳時代の人々など、東アジア大陸から移住してきた人々よりも身長が低かったことが示されている。身長に差があることを検出できたことは、我々の手法が妥当であることを示唆している。

狩猟採集生活を行う縄文人にとって、限られた食料資源で中性脂肪や血糖値を維持することは難しく、そのために中性脂肪や血糖値を高くする遺伝因子が

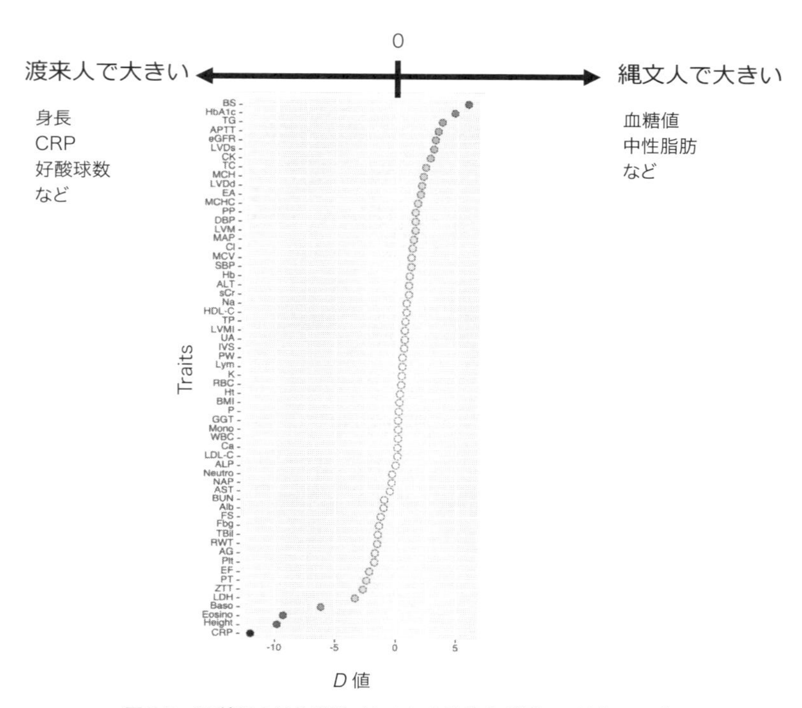

図 3.5　60 種類の量的形質（おもに血液検査項目）に対する D 値
PAPS が 0 から離れるほど濃い色でプロットされている。すべての形質に対して、QTL-GWAS で得られた P 値が 0.01 以下の SNP を用いて *PAPS* を計算した。

役に立った可能性がある。一方、渡来人の祖先集団（東アジア大陸の集団）では農耕によって人口が増え、付随して家畜の飼育も行われるようになるため、渡来人の祖先は細菌や蠕虫などの病原体に対する抵抗力を高める必要があったのかもしれない。

血液検査項目の QTL-GWAS の結果を用いることで、縄文人と渡来人はそれぞれの生業に適した遺伝的素因を備えていたことが示唆された。今回の手法は、その他の量的形質の GWAS や、ありふれた疾患の GWAS の結果に対しても適用できる。今後、縄文人集団や渡来人集団の遺伝的特徴が調べられ、現代日本人の様々な遺伝的特徴の由来が明らかになることに期待したい。

文献

Akiyama M. et al. (2017) Genome-wide association study identifies 112 new loci for body mass index in the Japanese population. *Nature Genetics* **49**：1458–1467.

Akiyama M. et al. (2019) Characterizing rare and low-frequency height-associated variants in the Japanese population. *Nature Communications* **10**：4393.

Alexander D. H., Novembre J., and Lange K. (2009) Fast model-based estimation of ancestry in unrelated individuals. *Genome Research* **19** (9)：1655–1664.

Crema E. R., Stevens C.J., and Shoda S. (2022) Bayesian analyses of direct radiocarbon dates reveal geographic variations in the rate of rice farming dispersal in prehistoric Japan. *Science Advances* **8** (38)：eadc9171.

Gakuhari T. et al. (2020) Ancient Jomon genome sequence analysis sheds light on migration patterns of early East Asian populations. *Communication Biology* **3**：437.

Kanai M. et al. (2018) Genetic analysis of quantitative traits in the Japanese population links cell types to complex human diseases. *Nature Genetics* **50**：390–400.

Kanzawa-Kiriyama H. et al. (2017) A partial nuclear genome of the Jomons who lived 3000 years ago in Fukushima, Japan. *Journal of Human Genetics* **62**：213–221.

Kanzawa-Kiriyama H. et al. (2019) Late Jomon male and female genome sequences from the Funadomari site in Hokkaido, Japan. *Anthropological Science* **127** (2)：83–108.

Kim J. et al. (2020) The origin and composition of Korean ethnicity analyzed by ancient and present-day genome sequences. *Genome Biology and Evolution* **12** (5)：553–565.

Pritchard J. K., Stephens M., and Donnelly P. (2000) Inference of population structure using multilocus genotype data. *Genetics* **155** (2)：945–959.

The 1000 Genomes Project Consortium (2015) A global reference for human genetic variation. *Nature* **526**：68–74.

Watanabe Y., Isshiki M., and Ohashi J. (2021) Prefecture-level population structure of the Japanese based on SNP genotypes of 11,069 individuals. *Journal of Human Genetics* **66**：431–437.

Watanabe Y. and Ohashi J. (2023) Modern Japanese ancestry-derived variants reveal the formation process of the current Japanese regional gradations. *iScience* **26** (3)：106–130.

Yamaguchi-Kabata Y. et al. (2008) Japanese population structure, based on SNP genotypes from 7003 individuals compared to other ethnic groups：effects on population-based association studies. *American Journal of Human Genetics* **83** (4)：445–456.

ヤポネシア人のＹ染色体多様性

佐藤陽一

ヤポネシア人のＹ染色体多様性について知るため、ヤポネシア７地域から集めた 2,390 名の男性について、Ｙ染色体ハプログループを調査した。ヤポネシア人のＹ染色体はＣ、Ｄ、Ｏのサブグループに分類されるが、ＣとＤのサブグループおよび O1b2a1a2a1a は近畿地方を中心に勾配が存在していることが明らかになった。これは、近畿地方を中心とした遺伝的浮動や人口移動により、ヤポネシア集団の遺伝的多様性が存在していることを示した。

● 4.1　Ｙ染色体

染色体はヒトの場合、22 対 44 本の常染色体と１対２本の性染色体の合計 46 本からなっている。大きい染色体から順番に番号が付いており（一部例外があるが）、22 対 44 本とは１番から 22 番染色体がそれぞれ父親由来と母親由来の対になっているという意味である。性染色体はＸ染色体とＹ染色体があり、一般に女性はＸ染色体２本、男性は母親由来のＸ染色体と父親由来のＹ染色体をそれぞれ１本もつ。

Ｙ染色体はおおよそ 6,200 万塩基対からなり、Ｘ染色体の１億 5,500 万塩基対と比べると３分の１ほど小さい。ところが元来、Ｙ染色体とＸ染色体は同じ大きさで性染色体ではなかった。つまり、２億数千年前にはＹ染色体はＸ染色体と相同であり、常染色体としてふるまっていた。それが、何かのきっかけで、オスを決める（精巣を作る）遺伝子 SRY が誕生したことにより、Y 染色体はオスを決めることだけに特化した性染色体になり、著しく退化して今日の大きさになったのである。

4.1.1　Y 染色体と父方ルーツ

真核生物の細胞分裂は体細胞分裂と減数分裂の 2 種類がある。体細胞分裂とは 1 個の母細胞から、全く同じ染色体をもつ 2 個の娘細胞に分裂することをいう。それに対して減数分裂は精子や卵子といった配偶子を作る際の分裂である。この減数分裂は 2 倍体の染色体をもつ親の細胞から配偶子へは 1 セットの染色体しか分配されない。精子や卵子を作る親の細胞にも父親由来の染色体と母親由来の染色体があり、分裂がはじまるとそれぞれの染色体は複製される。その後、複製された父親由来の染色体と母親由来の染色体が、それぞれ同じ番号の染色体と対合し、交差するのである。この交差によって、父親由来の染色体と母親由来の染色体が組換えを生じるのである。しかし、Y 染色体は対合する相手がいないため、組換わることなく、そのままの形で子孫へと受け継がれていく。したがって、祖先の Y 染色体がそのままの形で伝わることから、Y 染色体は父方ルーツを研究する上でよい材料になる。

Y 染色体はそのままの形で子孫に伝わると述べたが、ごくまれに DNA の突然変異が生じる。それが精子や卵子といった生殖細胞で生じると、その変異は子孫へと受け継がれていく。常染色体上の DNA で生じた変異は、組換えが起きるため、母親由来と父親由来の DNA が混ざった形になり、世代を経るごとに拡散されてしまうが、Y 染色体は組換えが起きないことから、代々そのままの形で伝わり、ごくまれに生じた変異を解析することで、父方のルーツを探ることが可能となる。

4.1.2　Y 染色体の多様性

ヒトゲノム計画が 1990 年に発足し、2003 年にゲノム解読宣言がなされた。これによりゲノム配列が公開され、その後多くの多型（集団の 1% 以上で見られる塩基変異）が発見された。当然、Y 染色体についても世界各国からいくつかの多型が発見され、Y 染色体の多様性を研究するための新しい道が開かれた。ヤポネシア人のY染色体については、中堀らはDXYS5（47z）多型を（Nakahori et al., 1989）、新家らはSRY465多型を（Shinka et al., 1999）、Ewisらは12f2多型を（Ewis et al., 2002）発見した。これらは偶然に見つかった多型である。その後見つかったいくつかの多型を解析することで、ヤポネシア人のY染色体多様性が分類されるようになった。この分類をY染色体ハプログループと呼ぶ。

2002年にHammerらが中心になって、世界中のY染色体をA〜Rの18の大分類（現在はTまで分類されている）と153の小分類に分類した系統樹が作成された（Y Chromosome Consortium, 2002）。現在は、International Society of Genetic Genealogy（ISSOG, https://isogg.org/tree/index.html）によって更新され、ハプログループの名称が変更されている。なお、分岐年代の古いハプログループAはアフリカだけに見られることから、Y染色体の共通祖先は25万年ほど前のアフリカの東部にいたと推定されている（Karmin et al., 2015）。

我々はヤポネシア各地から集めた現代ヤポネシア男性2,390名のDNAサンプルについてY染色体ハプログループを解析してきた。その結果、ヤポネシア人はおもにC、D、O2b、O3のグループに分類されることがわかった。それぞれの頻度はCが11%、Dが32%、O2bとO3をあわせて54%、その他が3%ほどであった（図4.1）（Sato et al., 2014）。驚くべきことは、CとDは近縁関係にあるが、C、DとOが離れたところに位置していることである（図4.1）。つまり、ヤポネシア男性は遺伝的に異なったふたつの集団からなっていることを表している。

● 4.2 ヤポネシア人のY染色体ハプログループ

長崎、福岡、徳島、大阪、金沢、川崎、札幌から集めた現代ヤポネシア男性2,390名のDNAサンプルについて、Y染色体ハプログループを小分類まで分類し、さらに、1,640名のDNAサンプルについては、ISSOGにしたがい、より詳細なハプログループを決定した。

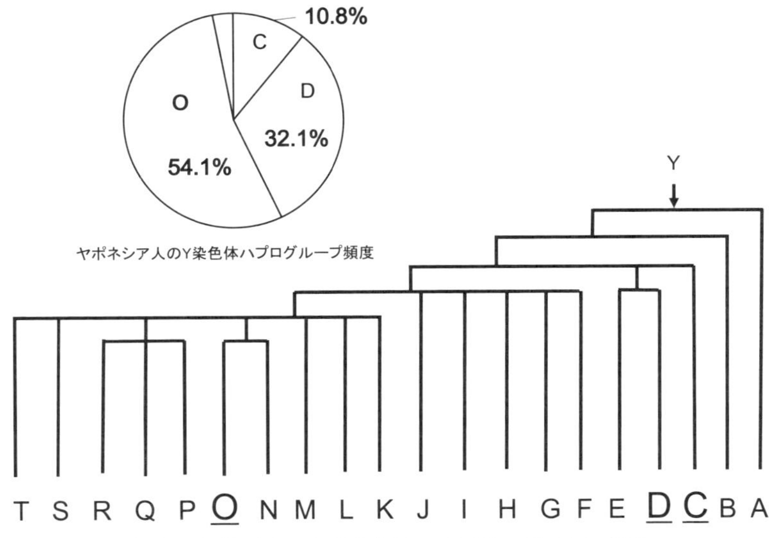

図 4.1　ヤポネシア人のＹ染色体ハプログループ頻度と系統樹

4.2.1　ハプログループＣ

ハプログループＣはC1a1、C1b1、C1b2、C1b2b、C1b2b1、C2などの小分類があるが、ヤポネシア人はC1a1とC2であった。頻度はC1a1が5%、C2が6%ほどであった。ヤポネシア国内においては九州から北海道まで、それほど大きな頻度の違いは見られなかった（図 4.2）（Sato et al., 2014）。

Ｙ染色体ハプログループC1a1の110名を対象にISSOGにしたがい、より詳細なハプログループを解析するとC1a1は３つのクラスターしているグループ、すなわちC1a1a（1.8%）、C1a1a1a（73.6%）、C1a1a1b（24.5%）に分類された（図 4.3）。

これら３つのグループ頻度を地域別に見ると、C1a1a1aは、長崎、福岡、金沢、川崎、札幌で高く、徳島と大阪で低かった。一方、C1a1a1bは、長崎、福岡、金沢、川崎、札幌で低く、徳島と大阪で高かった（図 4.4）。つまり、ハプログループC1a1a1aおよびC1a1a1bの徳島と大阪における頻度は他の地域と異なっていることが明らかになった。

また、C2の130名については、６つのクラスターしているグループ、すな

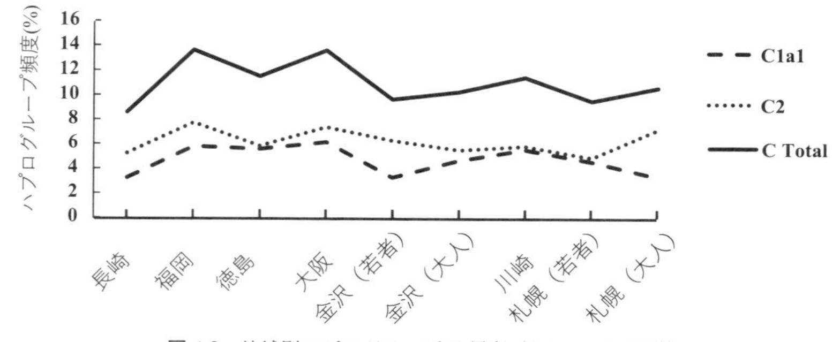

図 4.2　地域別ハプログループ C 頻度（Sato et al., 2024）

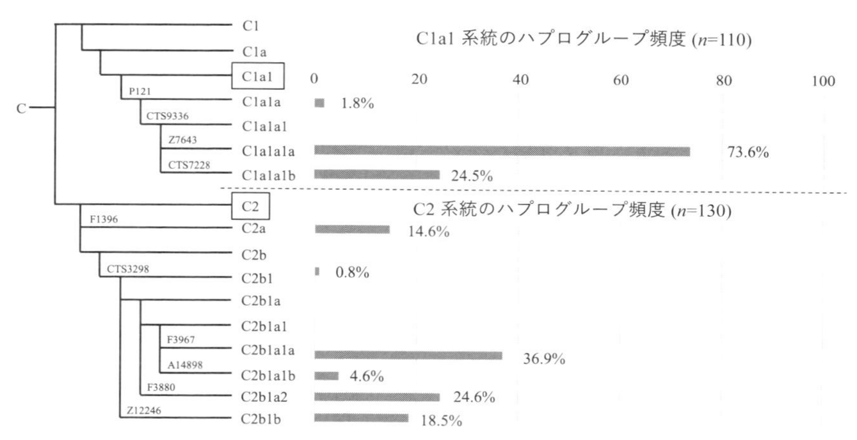

図 4.3　C1a1 系統と C2 系統のハプログループ頻度（Inoue et al., 2024）

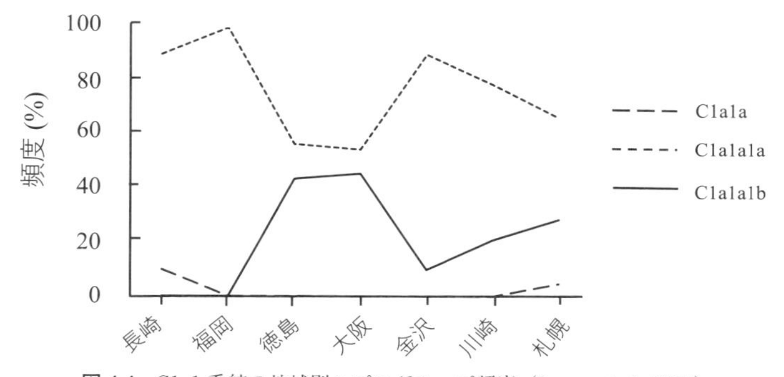

図 4.4　C1a1 系統の地域別ハプログループ頻度（Inoue et al., 2024）

わちC2a（14.6%）、C2b1（0.8%）、C2b1a1a（36.9%）、C2b1a1b（4.6%）、C2b1a2（24.6%）、C2b1b（18.5%）に分類された（図4.3）。地域別で見ると、これら6つのグループのうち、C2aの頻度は、長崎、福岡、徳島、金沢、川崎、札幌で低く、大阪で高かった。また、C2b1a2の頻度は、長崎、福岡、徳島、川崎、札幌で低く、大阪と金沢で高かった。一方、C2b1a1aの頻度は長崎、福岡、徳島、金沢、川崎、札幌で高く、大阪で低かった。C2b1bの頻度は長崎、福岡、徳島、金沢、川崎、札幌で高く、大阪では見られなかった（図4.5）。つまり、ハプログループC2a、C2b1a1a、C2b1a2、C2b1bは大阪で頻度にばらつきが見られることが明らかになった（Inoue et al., 2024）。

ハプログループCは東アジアとシベリアに広く存在し、オセアニア、ヨーロッパ、アメリカ大陸では低い頻度で観察されている（Zegura et al., 2004；Pakendorf et al., 2006；Zhabagin et al., 2020）。現生人類の祖先はアフリカを出発し、西、北、南の3つのルートでユーラシア大陸を横断したと考えられており、これらの地域ごとに特定のサブハプログループが同定されている。ハプログループC1a1はヤポネシアに限定されており、ヤポネシアに入る前に大陸で分岐したと考えられる。ハプログループC2は、中央アジア、北東アジア、北米に多いC2aと、中国、モンゴル、朝鮮半島に多いC2bに分岐し、C2bの一部がヤポネシアに到達したと考えられる。ヤポネシア固有のC1a1系統とその姉妹グループであるC1a2系統は、ヨーロッパで低い頻度で見られ（Scozzari et al., 2012）、初期の枝であるC1bは、インド、オーストラリア、インドネシ

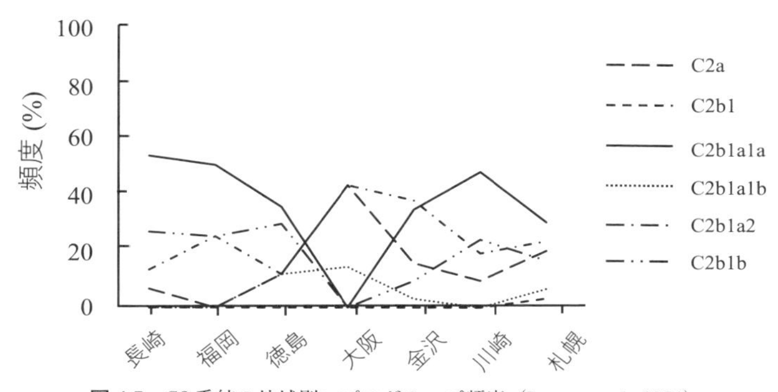

図4.5　C2系統の地域別ハプログループ頻度（Inoue et al., 2024）

アの南海岸沿いで見られる（Sengupta et al., 2006；Gayden et al., 2007）。

Y染色体配列のデータベースであるyfull.com（https://www.yfull.com/tree/）のYTree（Ver.11.04）によると、ヤポネシアで見られるハプログループCの推定分岐年代は、C1a1が4万5,300年前、C2が4万8,800年前である。C1a1でクラスターされるハプログループ分岐年代は、C1a1a1とC1a1bが4,500年前、C2でクラスターされるハプログループの分岐年代はC2aが3万4,100年前、C2b1a1とC2b1a2が1万300年前、C2b1bが1万1,000年前である。ハプログループCがヤポネシアに拡散しはじめたのが少なくとも1万2,000年前であることを考えると（Hammer et al., 2006）、クラスターされるハプログループの分岐はヤポネシア国内で起こったことが示唆される。

C1a1a1b、C2a、C2b1a2は徳島と大阪で高頻度、C1a1a1a、C2b1a1、C2b1bは徳島と大阪で低頻度であったことから、日本に均等に分布していたC1a1およびC2がクラスターのハプログループに分岐した際に、近畿地方を中心に人口移動が起きたと考えられる。

4.2.2　ハプログループD

ハプログループDはD1a1a、D1a1b、D1a2aなどの小分類があるが、ヤポネシア人はD1a2aであり、およそ32％を占めている。D1a2aはさらに12f2bのマーカーによりD1a2a-12f2bに分類され、それぞれ15％、17％の頻度であった。ヤポネシア国内の分布を見ると、その頻度は東になるにつれて高頻度に分布される傾向にあるが大きな違いは見られなかった（図4.6）（Sato et al., 2014）。

Y染色体ハプログループD1a2aの316名を対象に詳細なハプログループ解析を行うと、D1a2aは13のクラスターしているグループ、すなわちD1a2a1（0.3％）、D1a2a1c（2.2％）、D1a2a1c1（4.1％）、D1a2a1c1a（8.9％）、D1a2a1c1a1（4.7％）、D1a2a1c1a1a（3.5％）、D1a2a1c1a1b（1.9％）、D1a2a1c1a1b1～（19.0％）、D1a2a1c1b（1.3％）、D1a2a1c1b1（8.5％）、D1a2a1c1c（6.6％）、D1a2a1c2（5.7％）、D1a2a2（32.3％）に分類された。3名はハプログループD1a2a（0.9％）のままであった（図4.7）。

地域別に見ると、これら13ハプログループのうち、長崎、福岡、金沢、川崎、

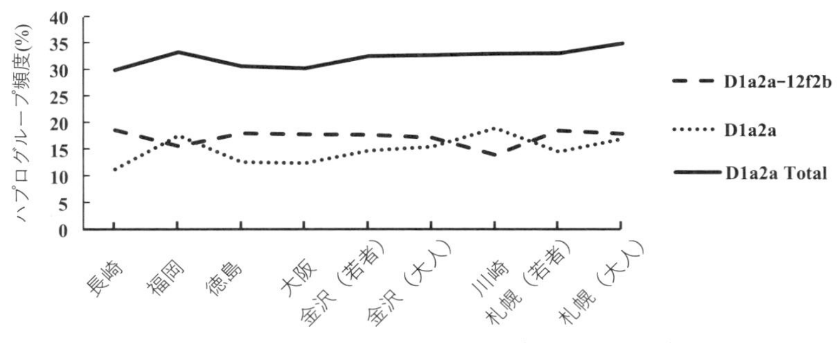

図 4.6 地域別ハプログループ D 頻度（Sato et al., 2024）

札幌では D1a2a2 の頻度が低く、徳島と大阪では高かった（図 4.8）。

次に、Y 染色体ハプログループ D1a2a1-12f2b の 380 名を対象に詳細なハプログループ解析を行った。その結果、D1a2a1-12f2b は 11 のクラスターしているグループ、すなわち D1a2a1a2b（12.9%）、D1a2a1a2b1（0.5%）、D1a2a1a2b1a（1.6%）、D1a2a1a2b1a1（6.8%）、D1a2a1a2b1a1a（21.1%）、D1a2a1a2b1a1（15.8%）、D1a2a1a2b1a1a（13.7%）、D1a2a1a2b1a1a3（7.6%）、D1a2a1a2b1a1a9（4.2%）、D1a2a1a2b1a1b（2.4%）、D1a2a1a3（13.4%）に分類された（図 4.9）。

これら 11 ハプログループの頻度を地域別に見ると、福岡では D1a2a1a2b1a1a1 の頻度が高く、大阪では D1a2a1a2b1a1a1 の頻度が高い傾向があった（図 4.10）（Inoue et al., 2024）。

世界的に見ても、ハプログループ D はほとんど見られない。アジア大陸では唯一チベットで 50% という高頻度で見られるが、チベットは D1a1a と D1a1b であり（Gayden et al., 2007）、ヤポネシアで主流の D1a2a は見られない。また、アンダマン諸島のジャラワ族 23 名とオンゲ族 4 名の解析結果は全員が D1（M174）（その後、D1a2b と判明）であったと報告されている（Thangaraj et al., 2003）。したがって、D1a2a もまたヤポネシア人固有のハプログループである。ハプログループ D はアフリカを出た後、内陸を通って東アジアへ向かい、一部はチベットへ北上、一部はアンダマン諸島へ南下、そして一部はさらに東へと向かいヤポネシアにたどり着いたと推察される。したがって、ヤポネシア人の 3 割ほどの男性の Y 染色体の系統は中国や韓国よりもチベットやアンダマン諸島の民族と遺伝的に近縁であるといえる。

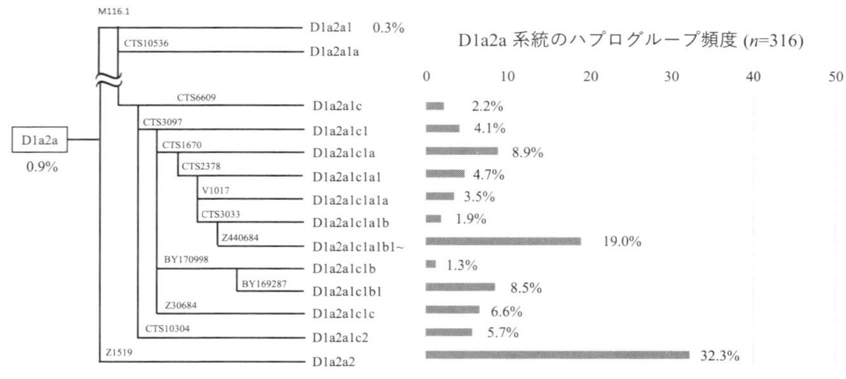

図 4.7　D1a2a 系統のハプログループ頻度（Inoue et al., 2024）

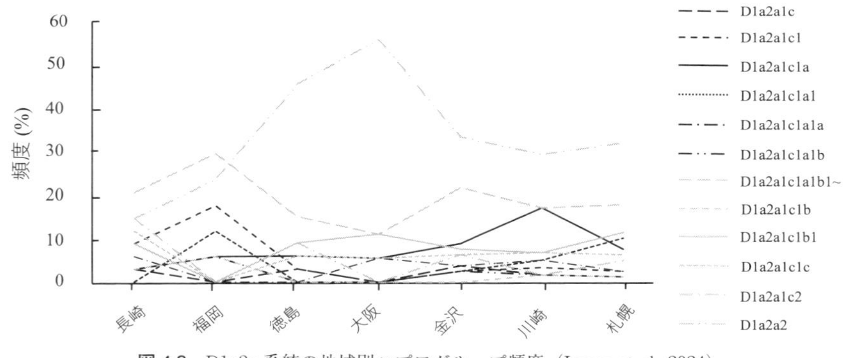

図 4.8　D1a2a 系統の地域別ハプログループ頻度（Inoue et al., 2024）

YTree によると、D1a2a の推定分岐年代は4万5,200年前であり、クラスター D1a2a1 と D1a2a2 は2万1,200年前、D1a2a1a と D1a2a1c は1万7,600年前である。D1a2a 系統はヤポネシアでのみ見られるハプログループであることから、D1a2a がヤポネシアに流入し、その後の分岐がヤポネシア広範囲に及んだと考えられる。

D1a2a のサブグループである D1a2a2 は徳島と大阪で高頻度、D1a2a1c は徳島と大阪で高頻度であったことから、ハプログループ D もまた、近畿地方を中心に分岐し、人口移動が起きたと考えられる。

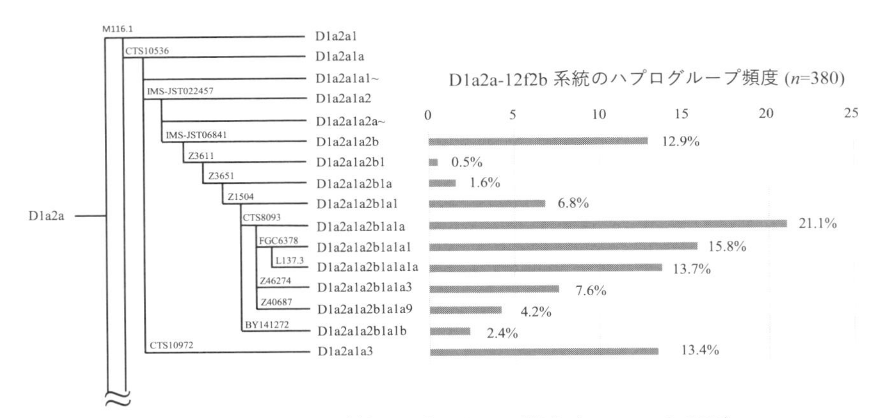

図 4.9　D1a2a-12f2b 系統のハプログループ頻度（Inoue et al., 2024）

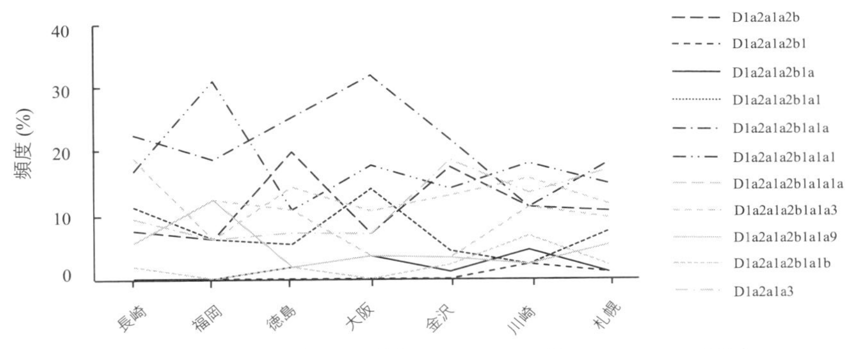

図 4.10　D1a2a-12f2b 系統の地域別ハプログループ頻度（Inoue et al., 2024）

4.2.3　ハプログループ O

ハプログループ O は O1a、O1b、O1b1a1a、O1b2、O1b2a1a1、O2、O2a、O2a2、O2a1b、O2a3 などの小分類がある。ヤポネシア人に最も多いグループは O1b2a1a1 で 22%、次いで O2a2 が 14%、O1b2 が 10%、O2a1b が 5% ほどであった。ヤポネシア国内ではそれほど大きな頻度の違いは見られなかった（図 4.11）（Sato et al., 2014）。

Y 染色体ハプログループ O1b2 の 214 名を対象に詳細なハプログループ解析を行うと、O1b2 は 9 つのクラスターしているグループ、すなわち O1b2a（4.7%）、O1b2a1a（4.7%）、O1b2a1a2a（0.5%）、O1b2a1a2a1（24.3%）、O1b2a1a2a1a

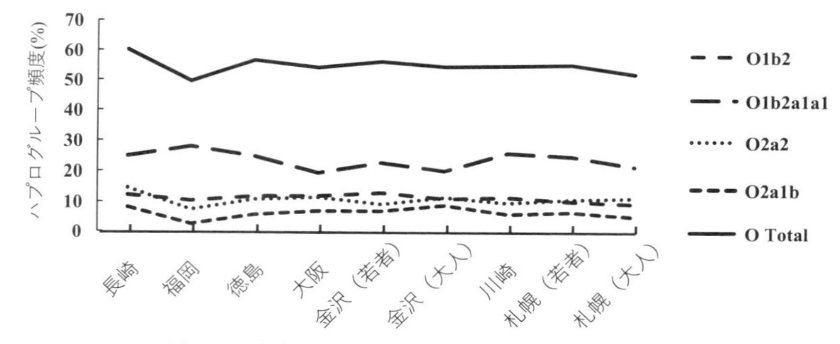

図 4.11　地域別ハプログループ O 頻度（Sato et al., 2024）

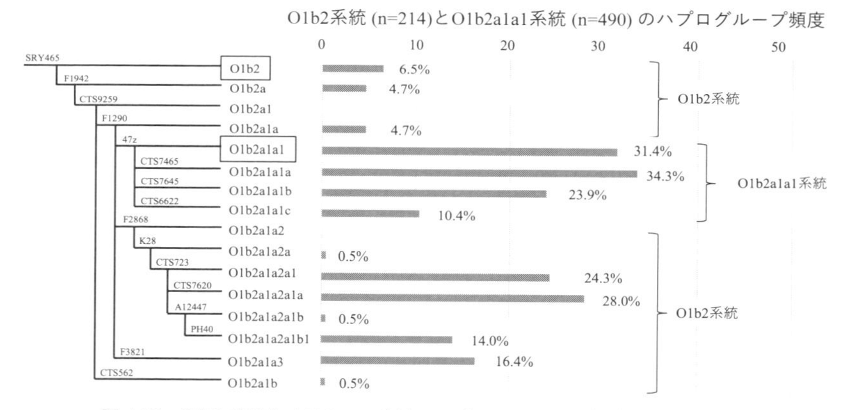

図 4.12　O1b2 系統と O1b2a1a1 系統のハプログループ頻度（Inoue et al., 2024）

（28.0%）、O1b2a1a2a1b（0.5%）、O1b2a1a2a1b1（14.0%）、O1b2a1a3（16.4%）、O1b2a1b（0.5%）に分類された。14 名はハプログループ O1b2（6.5%）のままであった（図 4.12）。

地域別に見ると、これら 10 グループのうち、O1b2a1a2a1 の頻度は長崎と福岡で高く、金沢で低かった。ハプログループ O1b2a1a2a1a は大阪で他の地域より高い傾向があった（図 4.13）。

次に、Y 染色体ハプログループ O1b2a1a1 に属する 490 名を対象に詳細なハプログループ解析を行った。その結果、O1b2a1a1 は 3 つのグループ、すなわち O1b2a1a（34.3%）、O1b2a1a1b（23.9%）、O1b2a1a1c（10.4%）に分類された。

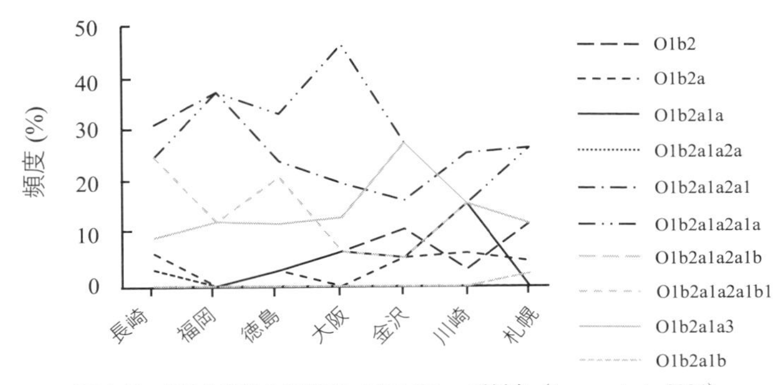

図 4.13 O1b2 系統の地域別ハプログループ頻度（Inoue et al., 2024）

154名はハプログループ O1b2a1a1（31.4%）のままだった（図 4.12）。これら4グループについて地域別頻度の割合を見たが、大きな違いは見られなかった（図 4.14）（Inoue et al., 2024）。

ハプログループ O は東アジアで最大のハプログループであり、約4,000年前にヤポネシアに上陸したと考えられている（Hammer et al., 2006）。ハプログループ O は、中国北部の黄河流域で栄えた O2 と、中国南部の長江流域で栄えた O1 に大別される。O1 から派生したハプログループ O1b2 系統は、ヤポネシア以外では韓国で見られる。ヤポネシア人に最も多い O1b2a1a1 の韓国での頻度はヤポネシアほど高くはなく、逆に O1b2a1a1 の祖先タイプである O1b2 のほうが韓国では頻度が高い（Kim et al., 2011）。しかし、O1b2 や O1b2a1a1 はその他の諸国では見られない。したがって、ヤポネシアで主流である O1b2 や O1b2a1a1 は朝鮮半島を経由してヤポネシアに流入したと推察される。2番目に多い O2a2 は東アジアや東南アジアで広い範囲にわたって高頻度で分布している。4番目に多い O2a1b は中国で15%ほどの頻度で見られる（Gayden et al., 2007）。現在の漢民族の大部分を占めるハプログループ O2 の一部が O2a2 や O2a1b に分岐した後、ヤポネシアに到達したと考えられる。

YTree による推定分岐年代は、O1b2 が2万8,000年前、O1b2a1a1 が5,500年前である。クラスターを形成する O1b2a1a1a、-b、-c と O1b2a1a2a1a の分岐年代は3,400年前であり、O1b2a1a1 が少なくとも4,000年前にヤポネシアに拡散しはじめたことを考慮すると（Hammer et al., 2006）、アジア大陸で O1b2

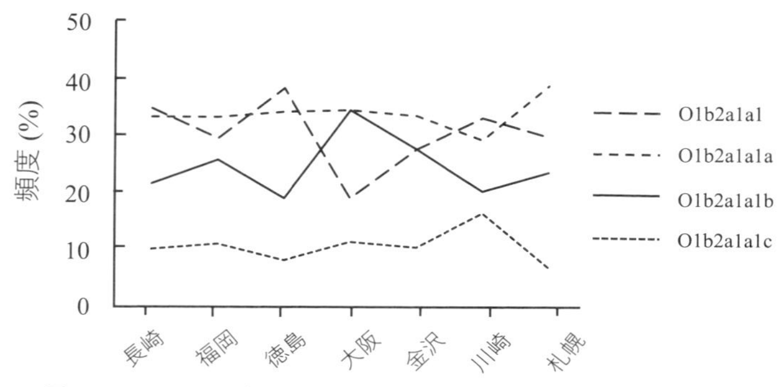

図4.14　O1b2a1a1系統の地域別ハプログループ頻度（Inoue et al., 2024）

からO1b2a1a1へと分岐してヤポネシアへ流入し、その後ヤポネシア国内でサブグループへと分岐したと考えられる。

4.2.4　Y染色体ハプログループから見たヤポネシア人の成り立ち

Y染色体多様性について解析したところ、ハプログループCとDのサブグループおよびO1b2a1a2a1aは徳島や大阪で頻度の勾配が確認された。したがって、近畿地方を中心とした遺伝的浮動や人口移動により、ヤポネシア集団の遺伝的多様性が存在していると考えられる。

文　献

Ewis A. A. et al.（2002）Two Y-chromosome-specific polymorphisms 12f2 and DFFRY in the Japanese population and their relations to other Y-polymorphisms. *The Journal of Medical Investigation* **49**（1-2）：44-50.

Gayden T. et al.（2007）The Himalayas as a directional barrier to gene flow. *The American Journal of Human Genetics* **80**（5）：884-894.

Hammer M. F. et al.（2006）Dual origins of the Japanese：common ground for hunter-gatherer and farmer Y chromosomes. *Journal of Human Genetics* **51**（1）：47-58.

Inoue M. and Sato Y.（2024）An update and frequency distribution of Y chromosome haplogroups in modern Japanese males. *Journal of Human Genetics* **69**（3-4）：107-114.

Karmin M. et al.（2015）A recent bottleneck of Y chromosome diversity coincides with a global change in culture. *Genome Research* **25**（4）：459-466.

Kim S. H. et al.（2011）High frequencies of Y-chromosome haplogroup O2b-SRY465 lineages in Korea：a genetic perspective on the peopling of Korea. *Investigative Genetics* **2**：10

Nakahori Y. et al.（1989）Two 47z［DXYS5］RFLPs on the X and the Y chromosome. *Nucleic*

Acids Research **17** (5) : 2152.

Pakendorf B. et al. (2006) Investigating the effects of prehistoric migrations in Siberia : genetic variation and the origins of Yakuts. *Human Genetics* **120** (3) : 334–353.

Sato Y. et al. (2014) Overview of genetic variation in the Y chromosome of modern Japanese males. *Anthropological Science* **122** (3) : 131–136.

Scozzari R. et al. (2012) Molecular dissection of the basal clades in the human Y chromosome phylogenetic tree. *PLOS One* **7** (11) : e49170.

Sengupta S. et al. (2006) Polarity and temporality of high-resolution Y-chromosome distributions in India identify both indigenous and exogenous expansions and reveal minor genetic influence of Central Asian pastoralists. *The American Journal of Human Genetics* **78** (2) : 202–221.

Shinka T. et al. (1999) Genetic variations on the Y chromosome in the Japanese population and implications for modern human Y chromosome lineage. *Human Genetics.* **44** (4) : 240–245.

Thangaraj K. et al. (2003) Genetic affinities of the Andaman Islanders, a vanishing human population. *Current Biology* **13** (2) : 86–93.

Y Chromosome Consortium. (2002) A nomenclature system for the tree of human Y-chromosomal binary haplogroups. *Genome Research* **12** (2) : 339–348.

Zegura S. L. et al. (2004) High-resolution SNPs and microsatellite haplotypes point to a single, recent entry of Native American Y chromosomes into the Americas. *Molecular Biology and Evolution* **21** (1) : 164–175.

Zhabagin M. et al. (2020) The medieval Mongolian roots of Y-chromosomal lineages from South Kazakhstan. *BMC Genetics* **21** (Suppl. 1) : 87.

ゲノム規模SNPデータで探る地域性

鈴木留美子

ゲノム解読技術の発展により、日本でも公共機関によるゲノムコホート研究から商用サービスまで、ヒトゲノム情報が蓄積しつつある。今回我々は、ジェネシスヘルスケア社から提供された匿名化ゲノムSNPおよび居住地情報を用いて、現代の行政区画とは異なる区分けで日本人の地域性を調べた。データはジェネシスヘルスケア社の遺伝子データプラットフォームサービスであるGenesisGaiaに保管されている情報を使用した。

5.1　地 域 区 分

日本人の地域性は、都道府県や東北、関東、中部などの行政区画を単位として調べられることが多い（Yamaguchi-Kabata et al., 2008；Watanabe et al., 2020）。集団構造を見るには、代々その地に暮らしてきた人を対象とするのが理想的であり、ヤポネシアプロジェクトでは祖父母4人とも同じ地域の出身であることをサンプル収集の条件としていた。

一方、商用サービスの利用者は必ずしも現居住地が出身地であるとは限らず、特に大都市はさまざまな地域から集まった人々が暮らしている。また、サンプルサイズも都道府県ごとに大きく異なり、東京のような大都市と人口の少ない県では100倍以上の開きがある。このサンプルサイズの差は、アレル頻度を計算する際に問題となる。たとえばサンプルサイズが1万であれば1人の違いは0.01%であるが、サンプルサイズが100だと1%となり、頻度の刻み幅が100倍違ってしまう。このため、アレル頻度を用いて主成分分析を行う際は、サンプルサイズの大きい都道府県は、小さいサンプルサイズにあわせてランダム抽出するなどの工夫が必要となる。

ここでは居住地の市町村情報に基づき、都道府県と異なる区分けを試みた。ひとつは律令時代の行政区画「五畿八道」を用いたもので、古代の区分と現代の集団構造との関連を探った。ふたつめは海岸線である。鉄道や道路網が整備される前の日本では、山岳や河川が移動の大きな障壁である一方、江戸時代の北前船に見るように、船による移動や輸送はむしろ陸路より盛んであった。そこで、海に面する市町村を太平洋沿岸、瀬戸内海沿岸、日本海沿岸、九州西南岸に分け、海岸線居住者の集団を比較した。3つ目は言語地図である。デデムシ、マイマイ、カタツムリなどの呼称分布から方言周圏論を提唱した柳田国男の「蝸牛考」をはじめとして、単語の分布や文法の違いに基づいた言語地図がたくさんあるが、ここではアクセント型に注目した。特に、「無アクセント」と呼ばれる型は東北と九州という離れた地域に存在する。これらの無アクセント地域と、同じ東北、九州の有アクセント地域を比較した。

● 5.2　全体の主成分分析プロット

元データから、マイナーアレル頻度0.05以下、Hardy-Weinberg検定$P < 1.0 \times 10^{-6}$のSNPを除外し、血縁度3以下の個人同士を除いた後、2万1,256人、26万2,555のSNPデータに対して主成分分析を行った。PC1を横軸、PC2を縦軸にプロットしたものが図5.2以降の図である。解析ソフトウェアはPLINK（Daly et al., 2007）とKING（Manichaikul et al., 2010）を用いた。

プロットの上方、PC2 > 0.01の部分は沖縄クラスターで、沖縄在住者の76.7%がこのクラスターに入っている。下方のPC2 < −0.01の範囲に見られるクラスターは、大都市でやや比率が高い傾向があるが地域的な偏りはあまりなく、外国籍の住民である可能性が考えられる。

中央のクラスターは横に伸びたヒョウタンのような形をしているので、このメインクラスターをPC1 < −0.01（左側）とPC1 ≧ −0.01（右側）に区切って

みると、PC1＜－0.01の比率がもっとも高いのは和歌山県（16.4%）で、愛知県（15.1%）、山形県（14.8%）、青森県（14.3%）、静岡県（14.2%）が続く。逆に比率が低いのは沖縄県（1.4%）、岩手県（2.6%）、宮崎県（2.9%）、福島県（3.5%）、大分県（3.8%）である。PC1≧－0.01の比率は、宮崎県（95.6%）、福島県（93.9%）、岡山県（91.2%）、熊本県（91.1%）、高知県（90.9%）で高く、沖縄県（20.5%）、和歌山県（78.7%）、愛知県（81.0%）、鹿児島県（82.0%）、大阪府（82.2%）で低い。

5.3　五 畿 八 道

5.3.1　律令時代の行政区分

律令時代、畿内五国（大和国、山城国、摂津国、河内国、和泉国）と、畿内から放射状に伸びる七道（東山道、東海道、北陸道、山陰道、山陽道、南海道、西海道）沿いの地域が、五畿七道として区分された（図5.1）。その後、1869（明治2）年に蝦夷地が北海道とされ、五畿八道となった。当時の「国」は現在の都道府県より細かく区切られており、境界線は必ずしも県境と一致しない。

畿内五国は、現在の奈良県、京都府中南部、大阪府、兵庫県東部にあたる。東山道は、東北地方から内陸部に伸びる地域で、青森県、岩手県、秋田県、宮城県、山形県、福島県、栃木県、群馬県、長野県、岐阜県、滋賀県である。東海道は、茨城県、千葉県、埼玉県、東京都、神奈川県、山梨県、静岡県、愛知県、熊野地方を除く三重県を含む。北陸道は、現在も北陸地方と呼ばれている新潟県、富山県、石川県、福井県である。山陰道は、京都府北部、兵庫県北部、鳥取県、島根県からなる。山陽道は、兵庫県南部、岡山県、広島県、山口県である。南海道は、四国の香川県、徳島県、愛媛県、高知県に、三重県熊野地方、和歌山県、淡路島をあわせた地域である。西海道は、九州の福岡県、大分県、宮崎県、佐賀県、長崎県、熊本県、鹿児島県の七県である。

5.3.2　五畿八道と主成分分析プロット分布

五畿八道の各地域のプロットを、図5.2～図5.11に示す。東京都は他地域からの流入もサンプルサイズも大きく、プロット全域を埋めてしまうので東海道

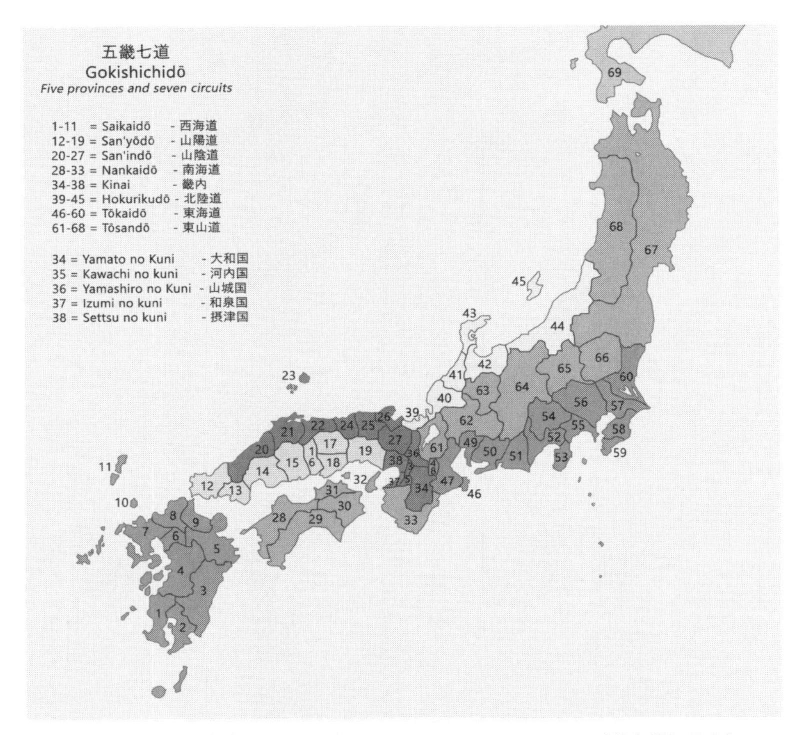

図 5.1　五畿七道（Wikipedia（https://ja.wikipedia.org/wiki/五畿七道）より）

から除外した。

日本列島北東部の北海道、東山道、東海道と、南部の西海道はPC2の値が大きく、上方の沖縄クラスター寄りに分布している。先行研究でも東北と九州が沖縄に近いことは報告されており、北と南に縄文系要素がより多く残っているという日本人の二重構造説と合致する。興味深いのは山陽道と山陰道の違いで、山陽道が畿内や南海道と同様に下寄りに分布するのに対し、山陰道はこれらより上寄りに位置する。斎藤成也はこれまでの著書の中で、九州北部から山陽・近畿を経て、東海・関東に至る「日本列島中央軸」という地域概念を提唱し、中央軸とその周辺部の遺伝的な違いを「内なる二重構造」としてとらえた（斎藤，2020；斎藤，2023）。実際にJinamらのミトコンドリアDNA解析（Jinam et al., 2021）でも「内なる二重構造」が報告されている。ここで見ら

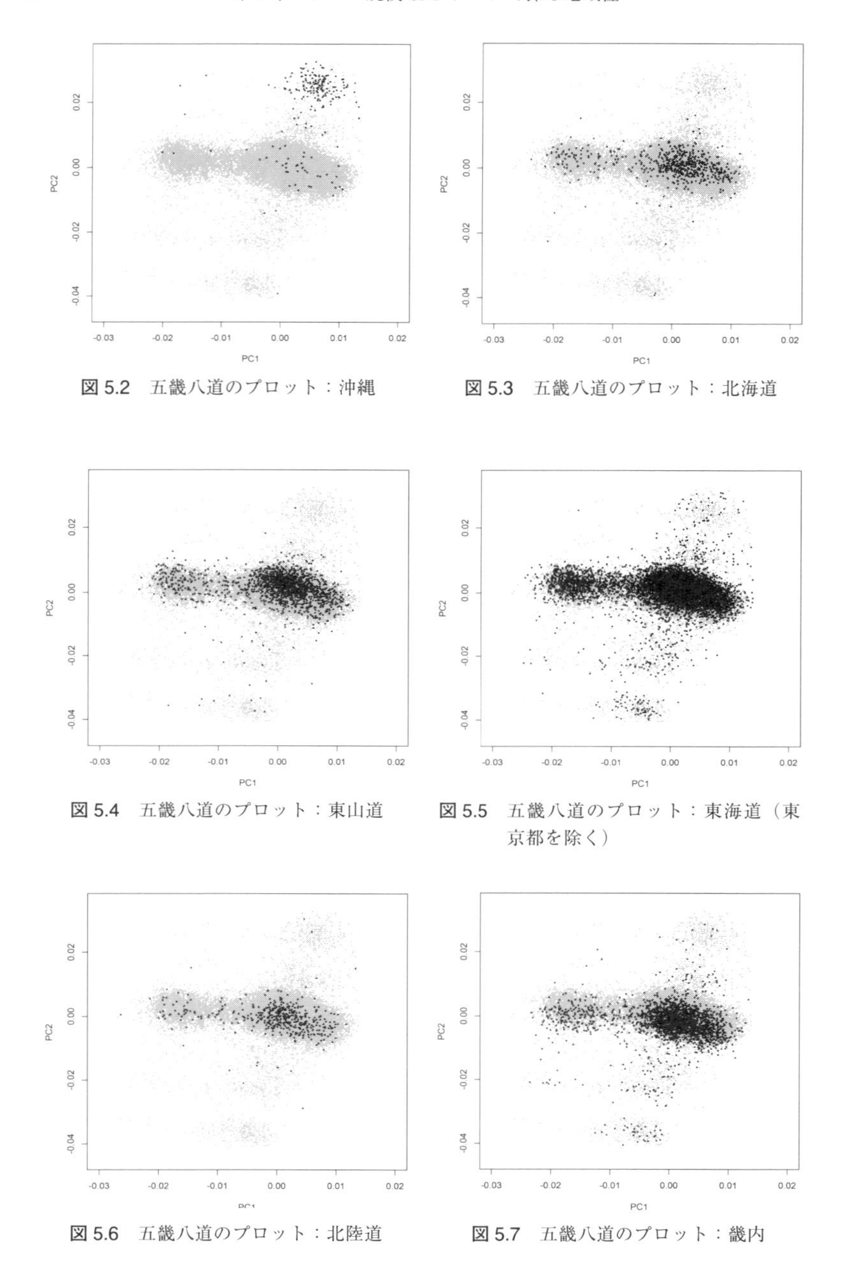

図 5.2　五畿八道のプロット：沖縄

図 5.3　五畿八道のプロット：北海道

図 5.4　五畿八道のプロット：東山道

図 5.5　五畿八道のプロット：東海道（東京都を除く）

図 5.6　五畿八道のプロット：北陸道

図 5.7　五畿八道のプロット：畿内

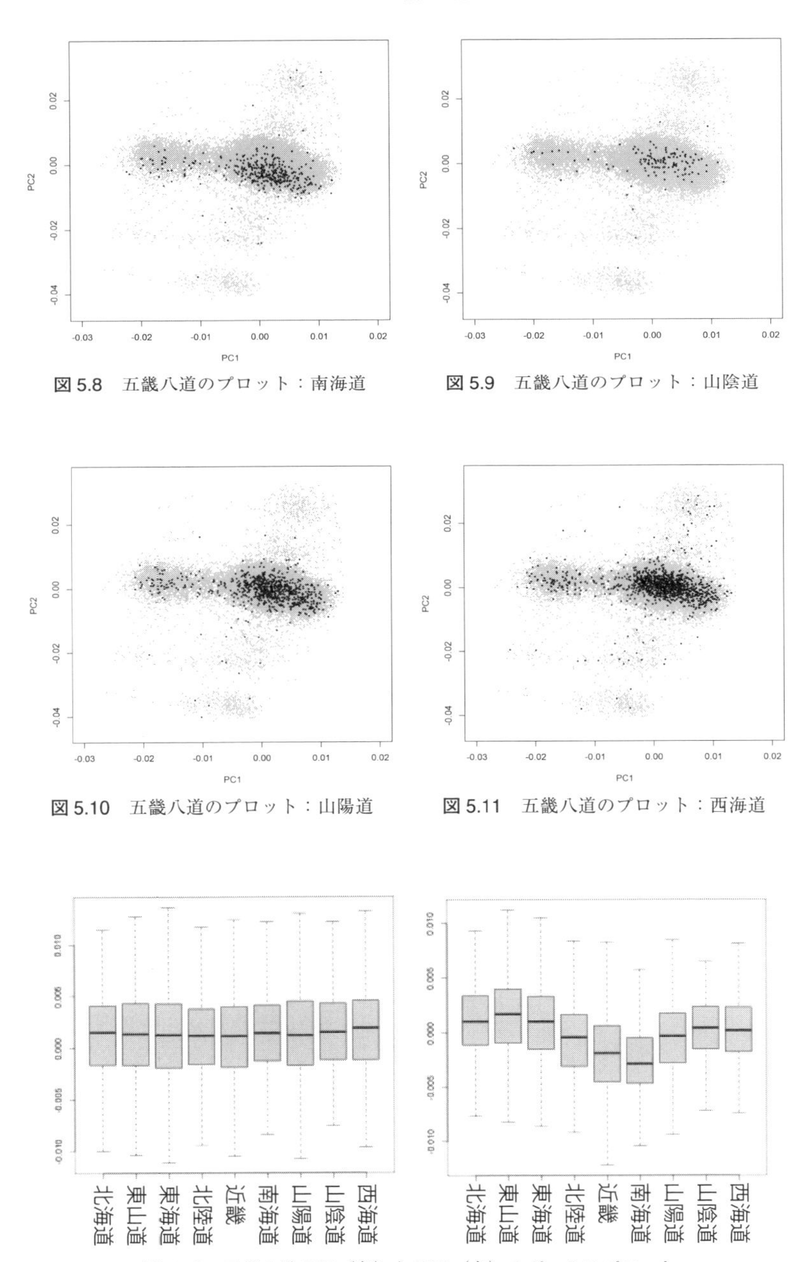

図 5.8　五畿八道のプロット：南海道

図 5.9　五畿八道のプロット：山陰道

図 5.10　五畿八道のプロット：山陽道

図 5.11　五畿八道のプロット：西海道

図 5.12　五畿八道 PC1（左）と PC2（右）のボックスプロット

れた山陽道と山陰道の違いも、中央軸と重なる山陽道と、中国山地を境界として周辺部に位置づけられる山陰道の違いを反映していると考えられる。

五畿八道のPC1、PC2スコアをボックスプロットにしたものが図5.12である。t検定での各地間の有意差を表5.1、5.2に示す。PC1は西海道と、北海道・東山道・東海道・北陸道・畿内との間に有意差が見られた。PC2の違いは顕著で、多くの群間に有意差がある。南海道を底として、地理的に離れるにしたがってPC2の値が高くなっている。南海道のほうが畿内よりPC2が低いのは、四国地方は京阪神より他地域からの人口流入が少ないため、古い特徴がよく

表5.1 五畿八道PC1の有意差（-：有意差なし、*：$P<0.05$、**：$P<0.01$、***：$P<0.001$）

	東山道	東海道	北陸道	近　畿	南海道	山陰道	山陽道	西海道
北海道	-	-	-	-	-	-	-	**
東山道		-	-	-	-	-	-	**
東海道			-	-	-	-	-	***
北陸道				-	-	-	-	**
畿　内					-	-	-	***
南海道						-	-	-
山陰道							-	-
山陽道								-

表5.2 五畿八道PC2の有意差（-：有意差なし、*：$P<0.05$、**：$P<0.01$、***：$P<0.001$）

	東山道	東海道	北陸道	近　畿	南海道	山陰道	山陽道	西海道
北海道	-	*	***	***	***	*	***	**
東山道		***	***	***	***	***	***	***
東海道			***	***	***	-	***	-
北陸道				***	***	-	-	**
畿　内					-	***	***	***
南海道						***	***	***
山陰道							-	-
山陽道								***

残っているからかもしれない。

5.4 海 岸 線

5.4.1 海路による交易

日本列島近海には、九州の西から対馬海峡を通って日本海を北上する対馬暖流、津軽海峡を西から東に抜ける津軽暖流、北から千島列島沿いに南下する親潮、東シナ海から太平洋沿岸を北に向かい親潮とぶつかる黒潮などの海流がある。森林が国土のおよそ7割を占め、平地を河川が横切る日本では、物資を運ぶ手段として水上輸送が重要であった。

すでに縄文時代には、新潟県糸魚川産のヒスイや長野産の黒曜石、琉球列島で取れるイモガイ製の腕輪などが北海道までもたらされ、逆に北海道産の黒曜石が本州の縄文遺跡で見つかっている。また、伊豆諸島の神津島産の黒曜石も全国に広く流通し、石器として用いられていた。縄文時代から物資の広範囲な輸送が海路を使って行われていたと考えられる。また、稲作も日本海に沿って北上し、東日本には津軽海峡を回り込んで伝播した。

動力の乏しい時代は人力や牛馬で山を越えて物資を運ぶより、船を使うほう

図 5.13 海岸線区分

が効率的であり、江戸時代には大阪から瀬戸内海・関門海峡を経て日本海沿いに北海道まで至る西廻海運、山形の酒田から津軽海峡を経て太平洋沿いに江戸に至る東廻海運が開かれた。

このような交易路によって、物資とともにヒトの流れも生じたであろう。ここでは海岸線を東北から四国までの太平洋沿岸、瀬戸内海に面する山陽・四国・九州東部、九州北部から東北までの日本海沿岸、九州西南部沿岸に分けて、海に面する市町村の居住者に絞って集団を比較した（図 5.13）。

5.4.2　海岸線と主成分分析プロット分布

海岸線別の主成分分析プロットを図 5.14～図 5.17 に示す。太平洋沿岸と九州西南沿岸は PC2 の値が高く上寄りに分布し、瀬戸内海沿岸と日本海沿岸は下寄りに分布している。日本海沿岸は山陰道、北陸道、東山道の一部であるが、山陰道、東山道は PC2 が高く上寄りに位置しているのに対し、日本海沿岸部に限って見ると PC2 は高くない。これは瀬戸内海から日本海まで通じていた北前船西廻り航路による、畿内・山陽との交流のなごりかもしれない。

九州西南沿岸は、九州全体をカバーする西海道と比べるとやや上寄りに分布している。この地域は PC2 が最も高い沖縄への玄関口であり、奄美・琉球列島との交流の影響が考えられる。

PC1 は九州南西沿岸と、日本海・瀬戸内海・太平洋沿岸との間に有意差が見られた（図 5.18、表 5.3）。これは五畿八道で、西海道と北海道・東山道・東海道・北陸道・畿内との間に有意差が見られたのと類似している。PC2 は太平洋沿岸と九州南西沿岸の間でのみ、有意差が見られなかった（表 5.4）。五畿八道の比較でも、東海道と西海道の間は PC2 に有意差がない。

● 5.5　アクセント

5.5.1　アクセント型の分布

日本語のアクセントは音の高さによる高低アクセントであり、「雨」と「飴」、「箸」と「橋」など語義の区別にも用いられる。アクセント型はおおまかに分けて京阪式アクセント、東京式アクセント、京阪-東京中間型などがある。京

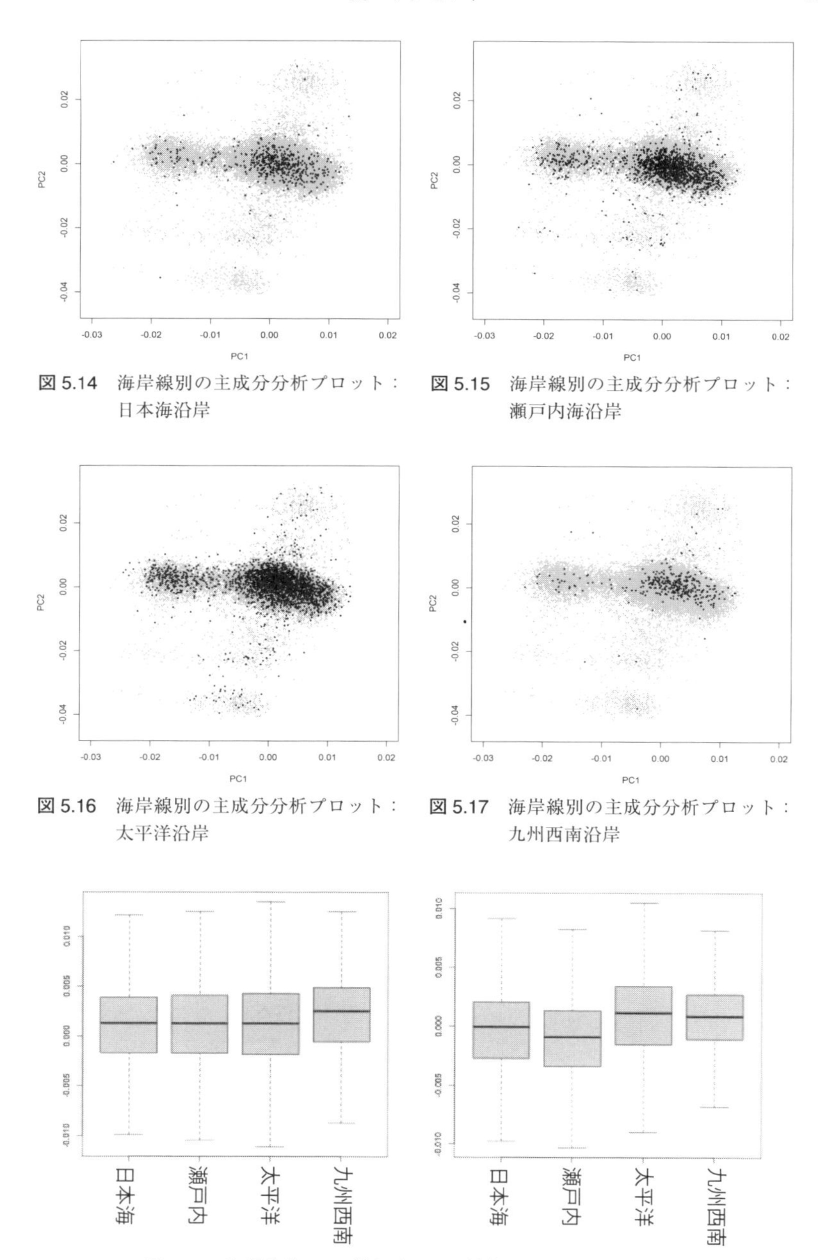

図 5.14 海岸線別の主成分分析プロット：日本海沿岸

図 5.15 海岸線別の主成分分析プロット：瀬戸内海沿岸

図 5.16 海岸線別の主成分分析プロット：太平洋沿岸

図 5.17 海岸線別の主成分分析プロット：九州西南沿岸

図 5.18 海岸線別 PC1（左）と PC2（右）のボックスプロット

表5.3 海岸線PC1の有意差
(-：有意差なし、*：$P < 0.05$、**：$P < 0.01$、***：$P < 0.001$)

	瀬戸内	太平洋	九州南西
日本海	-	-	**
瀬戸内		-	**
太平洋			***

表5.4 海岸線PC2の有意差
(-：有意差なし、*：$P < 0.05$、**：$P < 0.01$、***：$P < 0.001$)

	瀬戸内	太平洋	九州南西
日本海	***	***	***
瀬戸内		***	***
太平洋			-

阪式アクセントは西日本全体を覆っているわけではなく、山陰、山陽、九州北東部などのアクセントは東京式である。さらに、アクセントのない無アクセント地域も存在する（図5.19）。

無アクセント地域は東北南部～北関東、八丈島、静岡県大井川上流域、福井県嶺北平野部、能登半島の一部、愛媛県と高知県の一部、九州中部などに散在している。八丈方言は奈良時代の上代東国方言の特徴を残しているといわれているが、アクセントに関しては、無アクセントを祖型として、のちに京阪式、東京式などのアクセント型が生じてきたのか、それとも、もとは有アクセントであったものが、いくつかの地域でアクセントが失われたのか、議論がある。ここでは東北～北関東の無アクセント地域と九州中部の無アクセント地域に着目し、東北の有アクセント地域、九州の有アクセント地域も加えて比較した。

5.5.2 アクセントの有無と主成分分析プロット分布

東北の無・有アクセント地域、九州の無・有アクセント地域の主成分分析プロットを図5.20～図5.23に示す。東北は無アクセント地域も有アクセント地

図 5.19　アクセントマップ（平山，1957）

域も、九州無アクセント・有アクセントより上寄りに分布している。これは、五畿八道の西海道が、畿内や南海よりは上寄りではあるが、東山道・東海道よりは下であるという全体的な地域性を反映している。

東北有アクセントと無アクセントでは、東北有アクセント地域のほうが上寄りである。これは有アクセント地域が東山道に入っているのに対し、無アクセント地域は一部が東海道にかかっているという地理的な南北差によるものだろう。

PC1 は東北有アクセント地域と、九州無アクセント地域でのみ有意差が見られた（図 5.24、表 5.5）。PC2 は東北有・無アクセント地域と九州有・無アクセント地域の間に有意差があるが、九州無アクセントと九州有アクセントの間には有意差はない（表 5.6）。東北の有アクセントと無アクセント、九州の有アクセントと無アクセントを比較すると、九州では PC1、PC2 とも有意差はなく、東北では PC2 に有意差が見られたが、地理的な要因が考えられる。これらの結果からはアクセントの有無による明確な差異や、無アクセント地域同士の共通性は見られなかった。他のアクセント型については調べていないが、五畿八

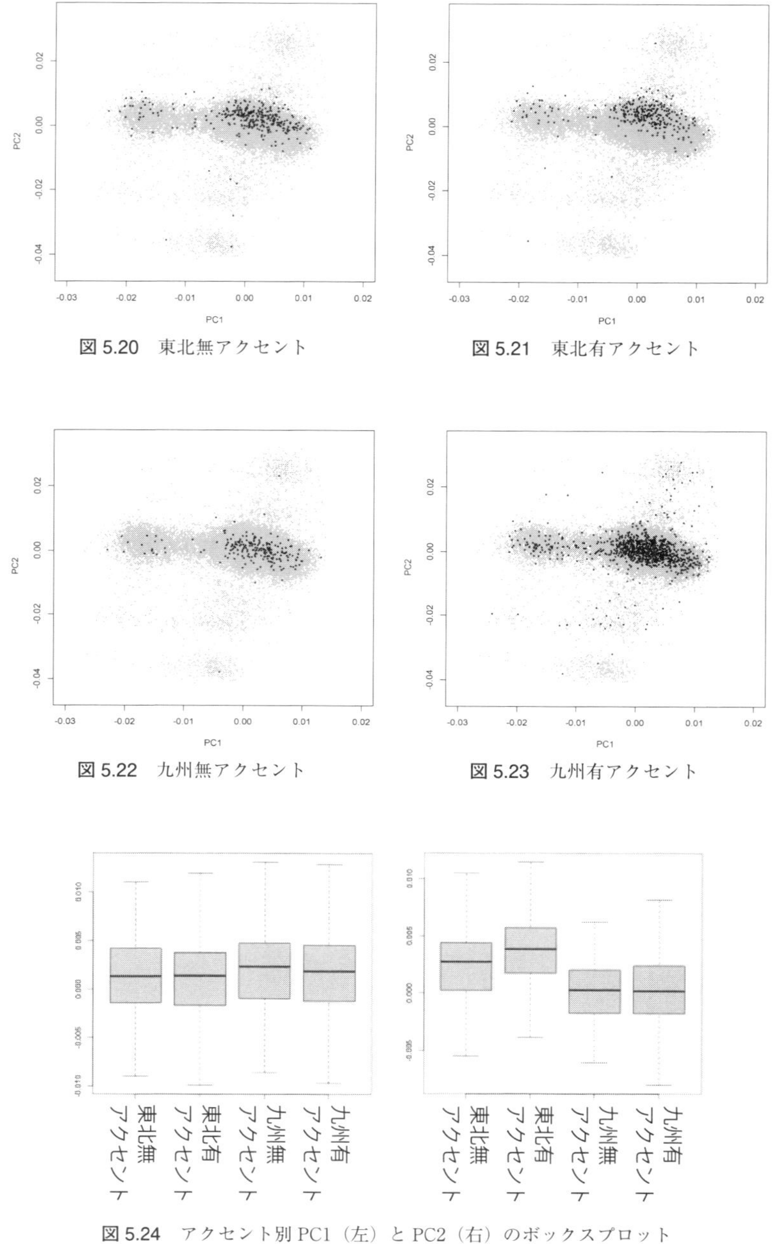

図 5.20　東北無アクセント

図 5.21　東北有アクセント

図 5.22　九州無アクセント

図 5.23　九州有アクセント

図 5.24　アクセント別PC1（左）とPC2（右）のボックスプロット

道で見られた畿内と南海の類似性と、京阪式アクセントの分布域が重なっているのは興味深い。

日本人の起源については、以前から縄文・弥生の二重構造が知られているが、最近はヒト全ゲノムシークエンスデータを用いて三重構造を唱える研究も出ている（Liu et al., 2024；Cooke et al., 2021）。また、ヒトの胃に棲むピロリ菌をマーカーとしてヒト集団の移動を推定した研究でも、中国・韓国・日本にある東アジアタイプとは起源が異なる菌集団が沖縄でふたつ、アイヌ人でひとつ見出されている（Suzuki et al., 2022）。今後のデータの蓄積によって、より詳細な集団構造が明らかになることが期待される。

文　献

Cooke N. P. et al.（2021）Ancient genomics reveals tripartite origins of Japanese populations. *Science Advances* **7**（38）：eabh2419.

平凡社編（2023）『旧国名でみる日本地図帳』平凡社.

平山輝男（1957）『日本語音調の研究』明治書院.

Jinam T., Kawai Y., and Saitou N.（2021）Modern human DNA analyses with special reference to the inner dual-structure model of Yaponesian. *Anthropological Science* **129**：3-11.

Liu X. et al.（2024）Decoding triancestral origins, archaic introgression, and natural selection in the Japanese population by whole-genome sequencing. *Science Advances* **10**（16）：eadi8419.

Manichaikul A. et al.（2010）Robust relationship inference in genome-wide association studies. *Bioinformatics* **26**（22）：2867-2873.

Purcell S. et al.（2007）PLINK：a toolset for whole-genome association and population-based linkage analysis. *The American Journal of Human Genetics* **81**（3）：559-575.

斎藤成也編（2020）『最新 DNA 研究が解き明かす。日本人の誕生』秀和システム.

斎藤成也編（2023）『ゲノムでたどる古代の日本列島』東京書籍.

Suzuki R. et al.（2022）Helicobacter pylori genomes reveal Paleolithic human migration to the east end of Asia. *iScience* **25**（7）104477.

Watanabe Y., Isshiki M., and Ohashi J.,（2021）Prefecture-level population structure of the Japanese based on SNP genotypes of 11,069 individuals. *Journal of Human Genetics* **66**（4）：431-437.

Yamaguchi-Kabata Y. et al.（2008）Japanese population structure, based on SNP genotypes from 7003 individuals compared to other ethnic groups：effects on population-based association studies. *American Journal of Human Genetics* **83**（4）：445-456.

東アジア人のゲノム構造

河 合 洋 介

現在につながる人類の一部は約6万年前にアフリカ大陸からユーラシア大陸に移動し、その後全世界に拡散した。ユーラシア大陸に移住した集団は南側と北側のルートに分かれて移動し、再び東アジアで混血して現在の東アジア人集団になった。この過程は古代ゲノムの解析により明らかにされつつある。また現代人のゲノム解析からもこの複雑な祖先構造を支持する結果が得られている。日本人は二重構造モデルで説明される縄文人と渡来人の祖先集団に加えて、渡来人の移住が複数回あったことが現代人ゲノムデータの解析からわかっている。

6.1　東アジア人はどこからきたのか

東アジアはユーラシア大陸のもっとも東に位置し、現在の中国とモンゴルと台湾、朝鮮半島、日本列島が含まれる地域である。現生人類（ホモ・サピエンス）のゲノム多様性を考えるために、約6万年前にはじまったと考えられているアフリカ大陸から全世界への人類の拡散と、東アジアの人類集団の成立の過程を述べる。

東アジアで現在の人類と遺伝的につながりのあることが確実なもっとも古い人骨は中国の田園洞で発見された約4万年前のものである。アフリカを出た後の人類は中東を経由してユーラシア大陸を北上した集団と、南アジアを経由して東方に移動した集団に分かれたと考えられている。北方に移動した集団はユーラシア中央部のステップ地帯に広がり、その後に現在のヨーロッパ集団につながるグループと東方に移住するグループに分かれた。東方のグループは考古学的な資料から3万年以上前に北シベリアに到達したと考えられる。南側のルートの移住においてはインド亜大陸を経由して4万年前にスンダランドと呼ばれる当時は巨大な半島となっていた東南アジアに到達し、さらに北上して東アジアに到達したと考えられている。このようにしてゲノム多様性が形作られたことがわかってきている。1万年前以前の旧石器時代の東アジアやシベリアの古代人のゲノムには南方と北方の両方の要素をもつものもあり、時期や発見場所によってその割合がさまざまである。前述の田園洞で発見された約4万年前の人骨から現在のところもっとも古い東アジア人のゲノム情報が得られている（Fu et al., 2013）。田園洞人はゲノム解析の結果から縄文人などの新石器時代の古代人を含む東アジアの集団のなかでもっとも初期に分岐した系統であり、東南アジアから北上して東アジアに到達した最初の集団であったと考えられている。シベリアは時代を通じて寒冷な気候であることから旧石器時代の古代人ゲノムの情報が得られやすい地域である。バイカル湖の近くのマリタ遺跡から2万4,000年前（Raghavan et al., 2014）、シベリア北東部のヤナ川流域の遺跡から3万1,600年前の人骨の高品質なゲノムデータが得られている（Sikora et al., 2019）。ゲノム解析の結果、これらの古代人は場所も時期も異なるものの、西ユーラシア狩猟採集民と共通の祖先から生じた集団であり、ユーラシア大陸の北側のルートで移動した集団であることがわかっている。一方でシベリアの古代人は田園洞人に代表される古代の東アジア人の集団とも遺伝的な共通性があるものがあり、ヤナ遺跡の古代ゲノムの解析結果から3万1,600年前には北ルートと南ルートの集団の混血がすでに起こっていたことがわかっている。現代のシベリアの集団はこれらの古代人より東アジアの遺伝的要素が強いことから、その後の時代に断続的に東アジア集団からの遺伝子流入があったと考えられる。

約1万年前から東アジア各地で農耕が行われるようになると、集団の移動・拡散が起こり、これが東アジアの集団のゲノム構造も大きく変える契機となった。2020年に発表された中国の北方と南方の新石器時代人の古代ゲノムの解析の研究（Yang et al., 2020）では、当時は現在よりも北部と南部で遺伝的分化の程度が大きく、現在の東アジア人は新石器時代の北方の東アジア人の影響を強く受けていることが示された。2021年に別のグループが、中国北東部の古代人と新石器時代の朝鮮半島の古代人、縄文人、弥生人のゲノムを比較した結果を報告した（Robbeets et al., 2021）。この論文では中国の西遼河流域の農耕民と朝鮮半島の新石器時代と日本の弥生時代の人の間に遺伝的連続性を指摘している。今後、これらの結果に中国や朝鮮半島の新石器時代人の新たな古代ゲノムの解析が加われば、より明確に弥生時代以降の日本列島人の成り立ちが見えてくると期待される。

6.2 日本人はどこからきたのか

東アジアの中にあって地理的に大陸から離れた日本列島は遺伝的な隔離が生じやすくユーラシア大陸と分化した動植物の集団が観察されることが多い。ヒトにおいても同様で、現代の日本人はユーラシア大陸の現代人（中国人や韓国人）と明確に遺伝的に分化している。日本人の起源については形態解析から埴原和郎の二重構造モデルによって説明され、その後のゲノム解析によってもこのモデルの妥当性が裏付けられている。

日本列島への人類の移動は遅くとも約3万8,000年前の後期旧石器時代には起こっていることが考古学的資料からわかっている。日本列島で旧石器時代の人骨が見つかることはまれで、旧石器時代の古代DNAの解析はほとんど行われていない。2021年に沖縄島の港川1号人骨のミトコンドリアDNAの全長配列の解読に成功し、東アジアに多いハプログループMに属していたことがわかっている（Mizuno et al., 2021）。今から約1万6,000年前から約3,000年前の間の縄文時代は新石器時代に相当する。この時期の日本列島には縄文土器に代表される文化で特徴づけられる狩猟採集民の縄文人が日本列島全体に分布していた。この期間は古代人ゲノムの解析が進んでいる時代である。2019年には北海道の礼文島の船泊遺跡から発掘された約3,800年前の縄文人のゲノム解析に成功した。この解析では現代人のゲノム解析に匹敵するクオリティの核ゲノムの解析が行われ、縄文人は東アジアの中でも遺伝的に孤立した集団であることがわかった（Kanzawa-Kiriyama et al., 2019）。愛知県の伊川津貝塚から出土した縄文人のゲノムと東南アジアの新石器時代（ホアビニアン文化）の古代ゲノムとの比較から両者が遺伝的に近縁であることが報告されている（McColl et al., 2018）。これらの結果から縄文人はユーラシア大陸の南側のルートを経由して東アジアに到達した可能性が高く、田園洞の旧石器時代人と関連づけられる東アジアの大陸部の集団とはかなり古い時期に分岐したことがわかっている。ただし、縄文人と日本の旧石器時代の人類の遺伝的連続性についてはまだ結論が得られていない。

弥生時代以降に日本列島に渡来した集団についてはまだ不明な点が多い。前述の2021年のRobbeetsらの研究では西遼河流域の雑穀農耕民が弥生時代以降の日本列島への移住民の起原であると主張しているが、稲作農耕の起源との関係など日本列島への農耕とそれに付随する文化をもたらした集団についてはわかっていないことが多い。2021年の弥生時代や古墳時代を含めた日本の古代人ゲノムの研究では、弥生時代に加えて古墳時代以降の大陸からの移住の影響を指摘している（Cooke et al., 2021）。これは斎藤成也が2017年に現代人ゲノムの解析結果から予測した本土日本人の遺伝的な多層構造（内なる二重構造）（斎藤, 2017）を裏付ける結果であるといえる。今後、弥生時代以降の古代人のゲノム解析が進めば全体像がわかってくると期待される。

● 6.3　現代日本人のゲノム解析

前節までで述べたように、旧石器時代以降に日本列島に移住した集団と、弥生時代以降に移住した集団とが混血した集団が現在の日本列島人（ヤポネシア人）の原型である。ここでは現代の日本人を対象にしたゲノム解析によって見えてきたヤポネシア人のゲノム多様性を述べる。最初に日本人を対象にした大規模なゲノム解析を行ったのはハップマッププロジェクトである。ハップマッププロジェクトは世界の主要な集団を対象に、当時実用化されつつあった全ゲノムSNPタイピングを使ってゲノム全体を網羅する解析を行った国際共同研究である。最初の解析（第1フェーズ）ではナイジェリアのヨルバ90人、アメリカ・ユタ州在住のヨーロッパ人を祖先に持つ住民90人、中国・北京在住の漢族45人、日本の東京在住の日本人45人の全ゲノムSNPタイピングが実施された（The International HapMap Consortium, 2005）。これらの集団はそれぞれアフリカ、ヨーロッパ、アジアを代表とする集団として選択され、集団間の遺伝的分化の程度を全ゲノム規模で定量化した最初の研究である。ただし、この研究では日本人と中国人がひとつの集団として扱われるなど、アジアの集団内の多様性にはほとんど注意が払われなかった。その後、ハップマッププロジェクトと同じサンプルで全ゲノム解析を行った1000人ゲノムプロジェクトでも日本人集団は解析対象とされたが、引き続き東京在住の被験者のみしか含まれなかったため日本列島内のゲノム多様性に関する情報は限られていた。

全ゲノムSNP解析や全ゲノムシークエンス解析の普及に伴い、大規模なゲノム解析が日本国内でも行われるようになった。最初に日本列島全体をカバーするゲノム解析を行ったのはバイオバンクジャパンである。バイオバンクジャパンは疾患研究のために日本全国の病院から提供された患者の血液に由来するゲノム解析を行った。2008年にこの研究で収集された7,003人の全ゲノムデータを集団遺伝学的に解析した結果が報告された（Yamaguchi-Kabata et al., 2008）。この研究では個人のゲノム情報を二次元座標上に投影して関係を見る主成分分析が用いられた。ゲノムデータの主成分分析では遺伝的変異の共分散行列を用いて主成分を計算し、寄与率の高いふたつの主成分を二次元プロットして集団構造を可視化する。バイオバンクジャパンのデータの主成分分析では沖縄県の人とその他の地方の人がそれぞれ近縁な独立した集団（クラスター）を形成するが報告された。これは前節で述べた日本人の二重構造モデルを支持する最初の全ゲノム解析の結果であると思われる。しかし、この研究ではアイヌ人が解析対象になっておらず二重構造モデルを完全に説明するための情報が不足していた。2012年に国立遺伝学研究所の斎藤成也らはアイヌ人、東京住民、沖縄住民の全ゲノムSNP解析を実施して、現代のヤポネシア人を構成する主要な集団の関係を明らかにした（Jinam et al., 2012）。これらの3集団は遺伝的に分化しているが、中国人を外群とした分子系統解析を行うと、アイヌ人と沖縄住民が互いに近縁であることがわかった。この結果によって現代日本人の遺伝構造は二重構造モデルで説明できることが確立した。縄文人と弥生時代以降に日本列島に移住した渡来人との混血の時期や日本列島への拡散、渡来の時期や規模などわかっていないことが多い。この問題を解くには日本全国からの粒度の高い地域情報とゲノム解析の結果を比較する必要がある。前述のバイオバンクジャパンの研究では被験者の参加した病院の所在地に基づく7カ所の地域情報を主成分分析の結果から地域ごとに主成分値の偏りがあることが見出され、本土集団の内部にさらなる遺伝構造が存在することを示唆した。Jinamらはこのデータにヤポネシアゲノム研究で新たに取得した島根県出雲市と鹿児島県枕崎市のボランティアから提供された唾液を解析して得られたゲノム情報をあわせて日本列島内の遺伝的構造を解析した（Jinam et al., 2021）。全ゲノムSNP解析で得られた個人のゲノム比較により共通祖先の構造を推定するADMIXTUREソフトウェアの解析により東アジアには大きく4つの共通祖先が存在することを示唆する結果を得た（図6.1）。東アジアのすべてに共通する要素（コンポーネント）は南北の漢民族（CHB、CHS）や韓国人に高い頻度（50%以上）で見られるが、本土集団（ヤマト人）では20〜30%とやや低く、沖縄（オキナワ人）の集団ではほとんど見られない。ベトナムのキン族（KHV）や中国のダイ族（CDX）の大部分を占めるコンポーネントは日本人ではほとんど見られない。逆にヤマト人でもっとも高い頻度のコンポーネントはこれらの東アジア南部の集団や漢民族では見られず、韓国人では日本人より低い頻度で存在する。またこのコンポーネントは沖縄でも低い頻度で存在している。一方で沖縄で大多数を占めるコンポーネントは本土では頻度が低く、ユーラシア大陸の集団では存在しない。つまり、日本人に3つのコンポーネントが存在し、ひとつは日本人に固有で残りのふたつは東アジア人に共通している。前者は縄文人と関連づけられ、後者は弥生時代以降の渡来人に関連づけることができる。この論文では都道府県別のミトコンドリアハプログループやHLAの解析結果とあわせて、この結果は斎藤が提唱した「内なる二重構造」（inner-dual structure）を裏付けると結論した。最近行われた弥生時代人と古墳時代

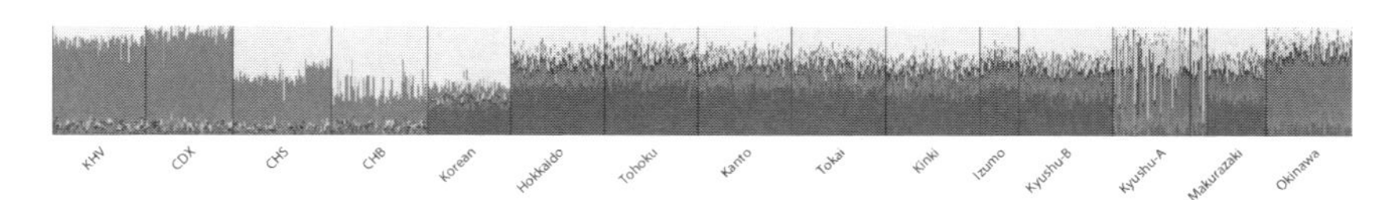

図6.1　日本人と東アジア人の遺伝的組成の分析結果（Jinam et al., 2021）（口絵3参照）

人の解析結果からも弥生時代に加えて古墳時代の大陸からの移住を示唆する結果を示している（Cooke et al., 2021）。今後は弥生時代以降の移住の回数や時期、規模を明らかにすることが課題である。

● 6.4　大規模なゲノム解析から見る日本人のゲノム構造

詳細な遺伝構造を調べるためには、幅広い地域から協力者を募り地域を網羅する解析を行う必要がある。前述のバイオバンクジャパンの研究では日本全国を７つの地域に分けて解析が行われた。我々はナショナルバイオバンクネットワーク（NCBN）のバイオバンクから 9,850 人の全ゲノムシークエンス解析を行い、日本人の集団遺伝解析を行った（Kawai et al., 2023）。このプロジェクトに協力したバイオバンクは東京都の３カ所（国立国際医療研究センター、国立成育医療研究センター、国立精神・神経医療研究センター）と愛知県（国立長寿医療研究センター）と大阪府（国立循環器病研究センター）にある国立高度専門医療研究センターの病院の受診者から提供されたゲノムデータである。専門病院という性質上日本全国の出身者が含まれており、出身地または居住地の都道府県レベルの情報とともに提供されていることから、日本人の集団構造を解析に適している。本節ではこの研究の結果を紹介する。

この研究では NCBN のサンプルを全ゲノムシークエンス解析（WGS 解析）によるゲノム解析を行った。このデータは癌や難病のコントロールにすることを想定して取得したため、癌や希少遺伝性疾患の病歴のある人のゲノムは含まれていない。WGS 解析はゲノム DNA の塩基配列を次世代シークエンサーで直接解読する手法である。解読された塩基配列は標準的なヒトゲノム配列との対応を取り、両者の塩基配列の違いからバリアントを同定する。あらかじめ解析する SNP が決まっている SNP アレイを使う全ゲノム SNP 解析と違い、あらゆるタイプのバリアントを網羅的に解析することが可能である。この研究では NCBN のバイオバンクのサンプル 9,850 人分に加えて、日本以外の集団と比較を行うために同じ方法で WGS 解析を行った国際 1000 人ゲノム計画の 2,304 人のゲノムデータと統合して解析を行った。図 6.2 は WGS 解析の結果を主成分分析で得られた主成分値をプロットしたものである。図 6.2 の A はアフリカやヨーロッパの集団を含む1000人ゲノムプロジェクトのサンプルと一緒にプロットした結果である。点が個人のゲノムを表しプロット上で近い個人同士は遺伝的にも近い関係にある。NCBNのサンプルは図の左側の東アジア人の集団にクラスターを形成している。日本人集団のクラスターが東アジアの中でももっとも端に位置することは、日本列島の地理的な位置関係を反映している。図6.2のBのプロットは東アジアの集団（CHB：北部漢民族、CHS：南部漢民族、CDX：ダイ族、KHV：ベトナムのキン族、JPT：東京の日本人）とNCBNのサンプルだけで主成分分析を行った結果である。日本人の集団であるNCBNとJPTは大陸の集団（CHB、CHS、CDX、KHV）から明確に分離したクラスターを形成している。また、NCBNのサンプルはJPTより広い範囲に分布している。これは東京でのみサンプリングを行ったJPTに対してNCBNが日本全国からのサンプルが含まれているからである。NCBNのサンプルはJPTが含まれる大きなクラスターと第二主成分が低い（図の下側）小さなクラスターに分かれている。これは後者が沖縄の集団で前者がその他の地域（本土と呼ぶ）に対応している。この結果はバイオバンクジャパンで行った先行解析の結果と対応している。図6.3は図6.2Bの主成分分析の第一主成分の値を居住地の都道府県ごとの平均値を日本地図上に表したものである。図

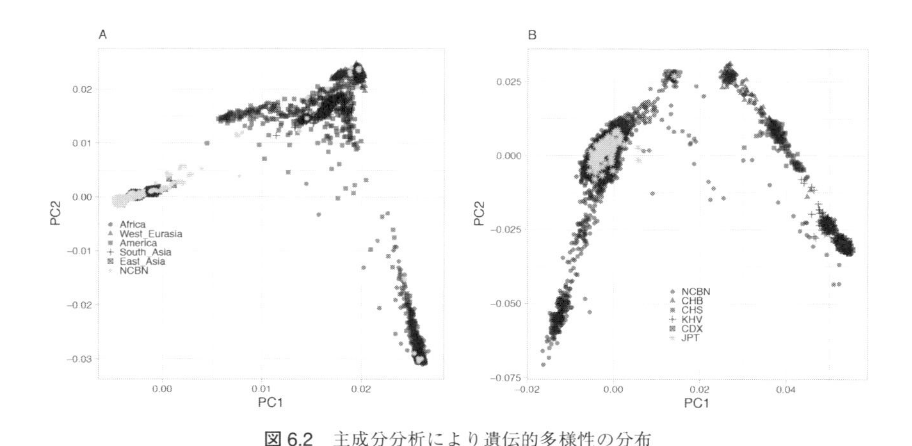

図6.2 主成分分析により遺伝的多様性の分布
Aは全世界の集団を対象として解析した結果でBは東アジアの集団に絞って解析した結果である（Kawai et al., 2023）（口絵4参照）。

6.2B で表されているように沖縄県は第一主成分がもっとも低い。また図 6.2B からは読み取れなかった本土の都道府県間の主成分値の違いが図 6.3 からわかる。高い第一主成分は近畿地方の府県に集中しており、近畿地方から遠くなるにつれて主成分値が低くなる傾向になった。第二主成分でも同様の傾向があった。渡部らは別のデータで同様の勾配が縄文人に由来する成分に対応することを報告している（Watanabe et al., 2021）。この結果は二重構造モデルに一致するだけではなく、本土集団における地域的勾配は斎藤の内なる二重構造モデルにも対応している。ヤマト王権が成立して渡来人の移住の記録も多く残される近畿地方で縄文人の影響が相対的に小さいことは想定されうる結果であるが、稲作が最初に導入された北九州地域において主成分値が低いことは検討の余地がある。渡来人の祖先集団や移住や在来集団との混血の時期の推定には国内の

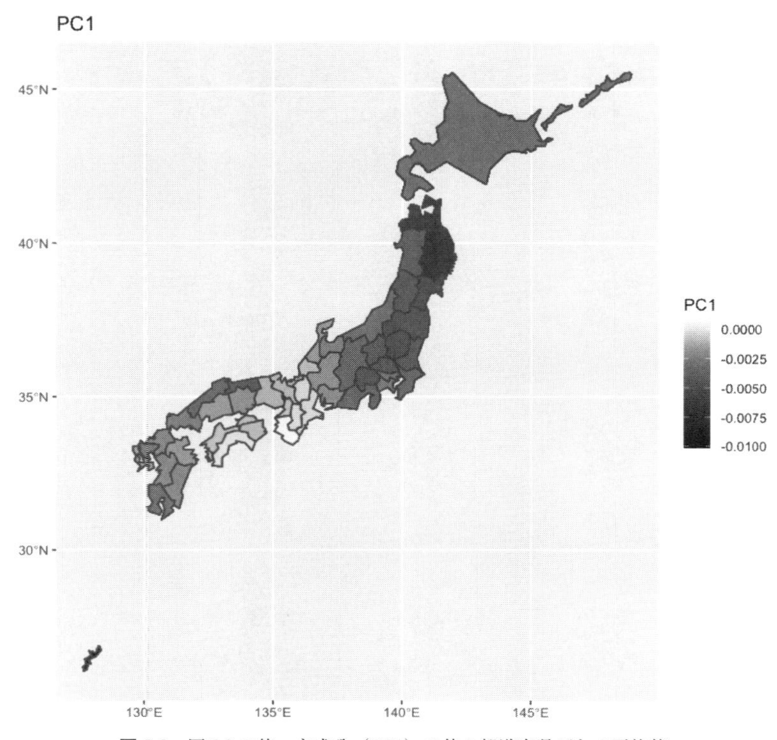

図 6.3 図 6.2 の第一主成分（PC1）の値の都道府県ごとの平均値

幅広い地域・時期の弥生時代や古墳時代の古代ゲノム解析が必要になると考えられる。

● 6.5　日本人集団の人口の変動

ここで日本人集団の人口の変化を考える。2020年に行われた国勢調査では日本の総人口は1億2,614万6,000人であった。この人口は日本の居住者全数をほぼ網羅しており極めて正確な数である。過去の人口を調べるためにはこのような全数調査を行うことができないので資料やデータに基づき推定する必要がある。考古学では遺跡や遺物の量や分布で、歴史学では教会や寺の出生死亡の記録から人口を推定するが、ゲノムデータからも過去の人口を推定することができる。その原理を説明した上で日本人のゲノムデータから推定した過去の人口変動を紹介する。

説明のために人類集団を自由に交配して子孫を残し、外部の集団と交流のない集団遺伝学的モデルを仮定する。この集団内で交配が行われ、子が生まれたときに子は両親の遺伝子をひとつずつ受け継ぐ。この両親の遺伝子は世代を遡れば必ず共通の祖先にたどり着く。この共通祖先までの時間を合祖時間（coalescent time）と呼ぶ。合祖時間は集団のサイズが大きいほど長くなるので、合祖時間を測れば集団サイズを推定できる。ヒトの常染色体は組換えによって祖先が変わるので、ヒトゲノム上には無数の祖先遺伝子が存在し、合祖時間はゲノム内の領域によりさまざまである。ゲノム内の合祖時間の分布から過去の集団サイズの変動を推定できる。この原理を利用してゲノム上の合祖時間の分布をから過去の人口の変動を推定するPairwise Sequential Markovian Coalescent（PSMC）法は単一の個体のふたつの染色体のから過去の個体数推定を行う手法である（Li and Durbin, 2011）。図6.4は現代人と縄文人（礼文島の船泊23号）の過去の人口を推定した結果である（Kanzawa-Kiriyama et al., 2019）。アフリカのヨルバ（Yoruba）以外の集団は10万年前以降に人口が大きく減少し、その後に増加している。これは出アフリカのイベントでアフリカのごく一部の集団のみがユーラシアに移住し、その子孫の人口がユーラシア大陸で増えたことを反映している。縄文人にも出アフリカの人口減少のパター

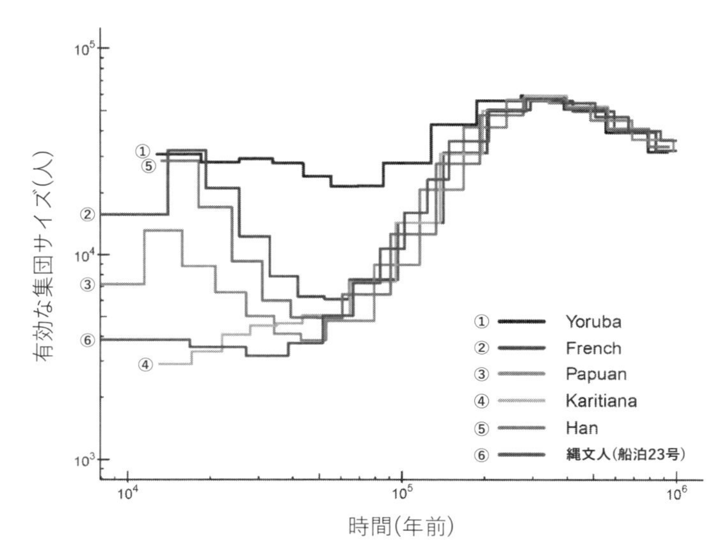

図 6.4　PSMCで推定した現代人と縄文人の人口変動の推定（Kanzawa-Kiriyama et al., 2019）（口絵 5 参照）

ンが見られるが他の集団のような人口の増加が見られない。これは狩猟採集を行っていた縄文人が低い集団サイズを保ったままであったことを示している。南米の先住民のカリティアナは狩猟採集の生活を行っており、縄文人と同様に近年の人口増加が見られないパターンを示している。PSMC は 1 個体のふたつの染色体間の合祖しか解析できないため 1 万年前より最近の人口変動を推定することはできない。近年の合祖時間の詳細な分布を得るためには多数のサンプルの分析をする必要がある。RELATE はハプロタイプのデータからゲノム全体の遺伝子系図を推定するソフトウェアである（Speidel et al., 2019）。複数サンプルの遺伝子系図には近年の人口推定に必要な合祖時間に関する情報が十分に含まれている。このソフトウェアを使って前節で紹介した NCBN のサンプルの中から本土集団、沖縄集団、1000 人ゲノムプロジェクトの漢民族（CHB）の遺伝子系図から集団サイズを推定した結果を図 6.5 に示す。PSMC の結果と同様に約 5 万年前がピークの出アフリカの人口減少がいずれの集団でも見られる。この人口減少は増加に転じて本土集団と漢民族の集団は現在に至るまで人口が増加しているが、沖縄の集団は再度小規模な人口減少がありその後人口増加するという異なるパターンを示している。さらに近年の精密な人口変動は同祖領域（identical-by-decent；IBD 領域）の分布から推定できる。この原理を使った IBDNe（Browning and Browning, 2015）で本土と沖縄の人口変動を推定した結果を図 6.6 に示す。こちらの解析では本土では 50 世代前と 10 世代前がピークの人口減少が二度起こっていることがわかる。1 世代を 28 年と仮定すると前者が 1,400 年前、後者が 280 年前で、古墳時代と江戸時代に相当する。古墳時代は大陸からの移住に伴う人口減少、江戸時代は飢饉などが原因の人口減少が要因として考えられる。沖縄では 30 世代前（840 年前）に人口減少のピークがある。これは RELATE の結果に見られる人口減少に対応しており、九州から沖縄諸島への移住に伴う人口減少だと考えられる。これらの結果や解釈にはより精密な解析を行い、考古学的な資料との比較検討が必要がある。

6.6　おわりに

本章では東アジア人のゲノム構造に焦点をあて、最初に過去の研究、特に古

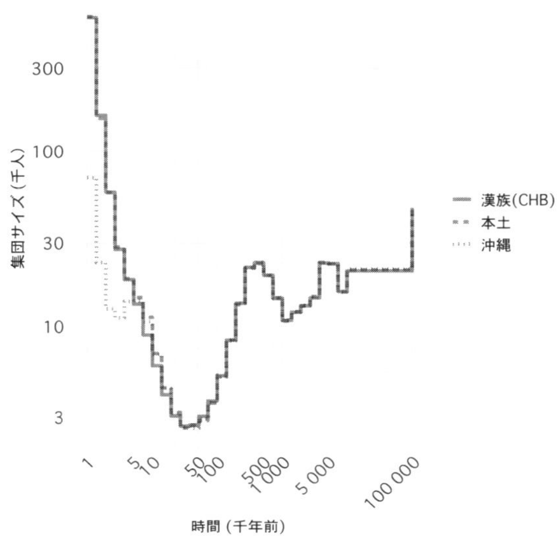

図 6.5　RELATE で推定した人口変動の推定結果（Kawai et al., 2023）

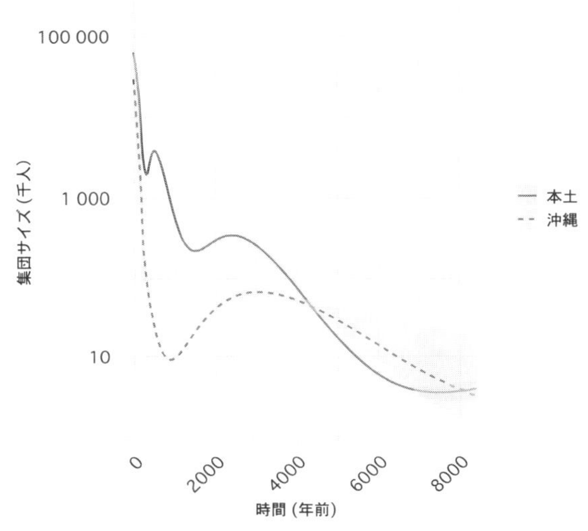

図 6.6　IBDNe で推定した人口変動の推定結果（Kawai et al., 2023）

代ゲノム研究の結果からわかってきた東アジア人と日本人の起源に関する知見を紹介した。次に日本人集団の現代人ゲノムの解析で得られた結果を紹介した。現代人ゲノムからは集団遺伝学的な手法を用いることによって現代人に残る祖先集団の影響や過去の人口変動が明らかになった。6.4 節と 6.5 節は筆者による解析内容を紹介したが、6.1 節、6.2 節、6.3 節はこれまでに発表された論文の内容を紹介した。その多くはヤポネシアゲノム研究のメンバーであり、本シリーズの他の章を執筆している。詳しくはそれらの章を読んでいただきたい。6.5 節では人口推定の原理を紹介したが集団遺伝学的背景の詳細は紙面の都合で割愛した。詳しくは集団遺伝学の教科書や原著をあたっていただきたい。

文　献

Browning S. R. and Browning B. L.（2015）Accurate non-parametric estimation of recent effective population size from segments of identity by descent. *The American Journal of Human Genetics* **97**（3）：404–418.

Cooke N. P. et al.（2021）Ancient genomics reveals tripartite origins of Japanese populations. *Science Advances* **7**（38）：eabh2419.

Fu Q. et al.（2013）DNA analysis of an early modern human from Tianyuan Cave, China. *Proceedings of the National Academy of Sciences* **110**（6）：2223-2227.

Jinam T. A. et al.（2021）Genome-wide SNP data of Izumo and Makurazaki populations support inner-dual structure model for origin of Yamato people. *Journal of Human Genetics* **66**（7）：681-687.

Jinam T. A. et al.（2012）The history of human populations in the Japanese Archipelago inferred from genome-wide SNP data with a special reference to the Ainu and the Ryukyuan populations. *Journal of Human Genetics* **57**（12）：787-795.

Kanzawa-Kiriyama H. et al.（2019）Late jomon male and female genome sequences from the funadomari site in Hokkaido, Japan. *Anthropological Science* **127**（2）：83-108.

Kawai Y. et al.（2023）Exploring the genetic diversity of the Japanese population：Insights from a large-scale whole genome sequencing analysis. *PLOS Genetics* **19**（12）：e1010625.

Li H., and Durbin R.（2011）Inference of human population history from individual whole-genome sequences. *Nature* **475**（7357）：493-496.

McColl H. et al.（2018）The prehistoric peopling of Southeast Asia. *Science* **361**（6397）：88-92.

Mizuno F. et al.（2021）Population dynamics in the Japanese Archipelago since the Pleistocene revealed by the complete mitochondrial genome sequences. *Scientific Reports* **11**（1）：12018.

Raghavan M. et al.（2014）Upper Palaeolithic Siberian genome reveals dual ancestry of Native Americans. *Nature* **505**（7481）：87-91.

Robbeets M. et al.（2021）Triangulation supports agricultural spread of the Transeurasian languages. *Nature* **599**（7886）：616-621.

斎藤成也（2017）『日本人の源流：核 DNA 解析でたどる』河出書房新社.

Sikora M. et al.（2019）The population history of northeastern Siberia since the Pleistocene. *Nature* **570**（7760）：182-188.

Speidel L. et al.（2019）A method for genome-wide genealogy estimation for thousands of samples. *Nature genetics* **51**（9）：1321-1329.

The International HapMap Consortium（2005）A haplotype map of the human genome. *Nature* **437**（7063）：1299-1320.

Watanabe Y., Isshiki M., and Ohashi J.（2021）Prefecture-level population structure of the Japanese based on SNP genotypes of 11,069 individuals. *Journal of Human Genetics* **66**（4）：431-437.

Yamaguchi-Kabata Y. et al.（2008）Japanese population structure, based on SNP genotypes from 7003 individuals compared to other ethnic groups：Effects on population-based association studies. *The American Journal of Human Genetics* **83**（4）：445-456.

Yang M. A. et al.（2020）Ancient DNA indicates human population shifts and admixture in northern and southern China. *Science* **369**（6501）：282-288.

九州ヤマト人のゲノム

三嶋博之、中岡博史、河村優輔、
細道一善、井ノ上逸朗、吉浦孝一郎

長崎県の離島、対馬、壱岐、五島から試料を収集し、本土周辺離島地域のゲノム解析を実施した。試料収集時には、「少なくとも三代前には、当地に住んでいる」との条件で収集し、1000人ゲノムプロジェクトにおいて東京で収集された試料のゲノムと比較検討した。基本的には、長崎県の離島地域も本土日本人とほとんどゲノム構造は同じであり、特有の要素を有することはないと判断した。

● 7.1　試料収集態勢

研究代表者から、新学術領域研究「ヤポネシアゲノム」のなかで現代九州のヤマト人のゲノム構造を明らかにし、将来的には古代人のゲノムがどのような率で混在しているのかを明らかにし、二重構造仮説、内なる二重構造仮説を検証したいとの目標を知らされた。私には、九州地方の、特に長崎県内の離島地域に古くから住んでいたであろう住民のDNA試料の収集がおもな任務として与えられた。全ゲノムの解読とその解析については、集団遺伝学的な解析にはそれほど馴染みのない私の教室では“荷が重かろうな”とは思いながら新学術領域研究を進める一人として研究グループに加わることになった。

試料については、研究代表者から、「代々その土地に住んでいるというのが理想的だが、少なくとも三代前には、当地に住んでいたことがはっきりしている」という条件の下で試料収集したいとのことであった。試料の“質”を確保しつつ数多く集めるとの方針であると思いながら試料収集に取りかかった。

試料の収集は、結局は医師つながりでお願いすることになった。患者のDNA解析を実施することも多いが、その際には疾患原因の探索という明確な目標があって、研究や病気解明についての説明は比較的実施しやすいことに改めて気づかされた。

もっとも効率的な一般集団の血液DNAの収集は、何らかの検診に付随した形式で、一般住民に研究の説明や試料提供のお願いをすることであろうと考えられる。ただし、そのような検診に同行して試料収集を行うことは、行政なども含め調整が必要で、かつ長年の住民との信頼関係がなければ、すぐに可能となるものではない。

7.2 試料の内訳

少なくとも三代以上前から当該地域に居住していたとされる方から収集できた試料数は表7.1の通りである。収集できたサンプル数は、最低ラインとして各地域50名を目標としたこともあり、多くの試料が収集できたわけではないが、五島市、壱岐市、延岡市は解析を実施するにはそれなりに十分な数が集められた。対馬市の試料も不十分ではあるが解析にはたえられる数が収集できたと考える。もう少し多くの地域、多くの試料が集められたらよかったとは思うが、長崎の離島試料が得られたことで、これまでに解析されてきた1000人ゲ

表7.1 収集試料数と全ゲノム塩基配列決定が終了した試料数

地域	収集試料数	全ゲノム配列実施
五島市福江	45	24
対馬市	28	12
壱岐市	48	19
延岡市	48	7
宮崎市	1	1
徳之島	1	1
合計	171	64

ノムプロジェクト（1 kilo-genome-project；1KGP）のいわゆる本土日本人や、バイオバンク・ジャパンで解析された結果との比較検討は可能であろうと考えた。離島サンプルで期待されることは、

① 本土日本人とは違ったゲノムのコンポーネントが混ざっているのか？

特に、

② 壱岐や対馬の試料については、大陸系のゲノムコンポーネントが混ざっているのか？

③ 古代日本人のゲノムが多く混ざっているのか？

といったところが興味の対象であろう。時間および費用の問題で全ゲノム塩基配列解析を実施していない試料があるので、不完全ではあるが、解析結果を見ていくことにしよう。

● 7.3　九州ヤマト人の核ゲノム解析

7.3.1　外部コントロール（外国）を含めた全ゲノム解析による主成分分析

1KGP で収集されゲノム情報（元データとしての Fastq ファイル）が公開されている東アジア［CDX：シーサンパンナのタイ族（93 名）、CHB：北京の漢民族（103 名）、CHS：南部の漢民族（105 名）、KHV：ホーチミン市のキン族（99 名）］と自ら収集して全ゲノムデータを取得した 64 試料をあわせて、主成分分析を行った（図 7.1）。マイナーアレル頻度≧1%、ハーディーワインバーグ平衡≦1.0×10^{-6}、遺伝型が 90% 以上で確定された常染色体上の SNP のみを利用した。

自サンプルを含め本土日本人集団はひとつの集団を形成していた。これは、現代の本土日本人は比較的均一な集団となっており、長崎県の離島であっても特別なグループを形成するほどの特殊なゲノム成分を保有しているわけでないことが明らかである。徳之島の 1 名は、本土集団からは離れており、琉球集団のコンポーネントが含まれていると推測される。今回収集した試料（離島集団を含め）は、東アジアのどの集団とも重なることなく 1KGP 日本人（東京で収集された）と同じ本土日本人集団であることが明瞭であった。

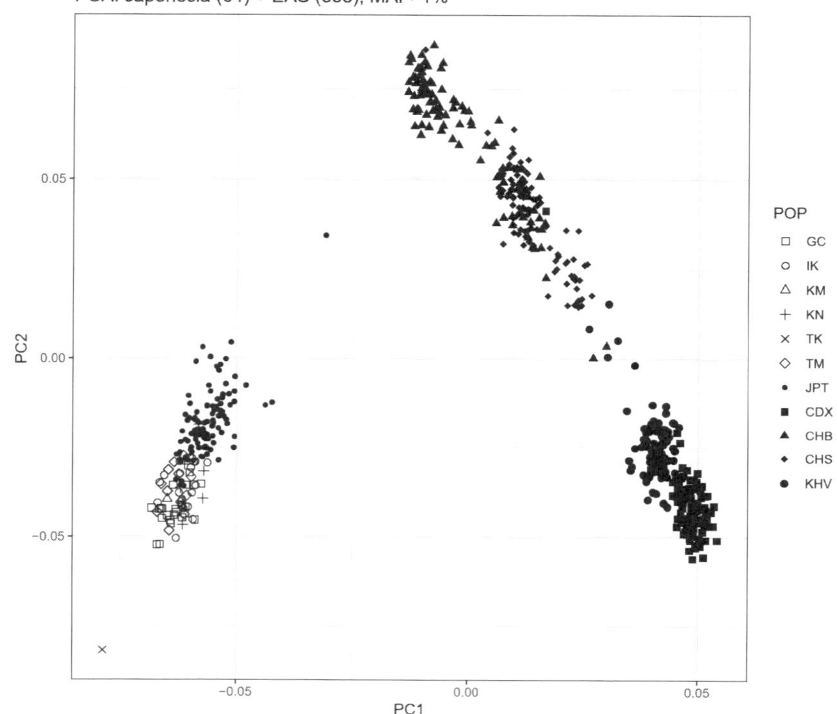

図 7.1 東アジア人＋ヤポネシア＋1KGP（1000 人ゲノムプロジェクト日本人試料）をまとめて解析した主成分分析（PCA）
1KGP とヤポネシア試料はほぼ重なり、東アジアの各民族とは明瞭に区別されるグループとして投影される。また、徳之島の 1 名と JPT1 名が本土日本人から離れている。
GC：五島（24 名）、IK：壱岐（19 名）、KM：宮崎（1 名）、KN：延岡（7 名）、TM：徳之島（1 名）、TM：対馬（12 名）、JPT：1KGP 日本人（104 名）、CDX：シーサンパンナのタイ族（93 名）、CHB：北京の漢民族（103 名）、CHS：南部の漢民族（105 名）、KHV：Kinh ベトナム人（99 名）

7.3.2 日本人のみの全ゲノム解析による主成分分析

次の問題として、均一な本土日本人の中で小さな集団に分かれるのか否か？祖先の遺伝的要素の数はいくつか？といったことが挙げられる。自サンプル内で、わずかでも 1KGP の本土日本人（1KGP Tokyo）と差がないのかを検討した。自サンプル（64 名）と 1KGP（104 名）を使って、主成分分析（PCA）（図 7.2）および PCA 成分上位 10 成分による UMAP（図 7.3）を描いた。

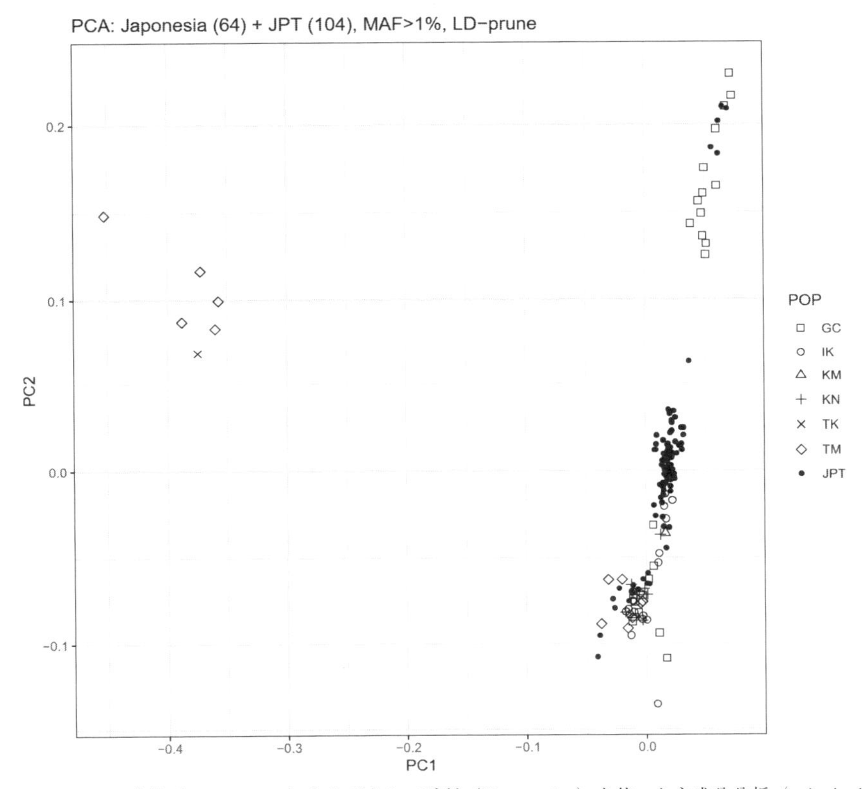

図 7.2　1KGP 試料（104 samples）とヤポネシア試料（63 samples）を使った主成分分析（principal component analysis；PCA）
対馬の 5 試料と徳之島 1 試料の集団（図中左側）、五島試料を中心とした集団（図中右上）と延岡・壱岐を含めた JPT 集団に分かれるようにみえる。
GC：五島（24 名）、IK：壱岐（19 名）、KM：宮崎（1 名）、KN：延岡（7 名）、TM：徳之島（1 名）、TM：対馬（12 名）、JPT：1KGP 日本人（104 名）

主成分分析、第一と第二主成分による二次元展開図では、対馬 5 名と徳之島 1 名の 6 名の亜集団、五島サンプルを中心とした亜集団が、大多数集団から離れる結果が得られた。本結果は、すぐにこれら亜集団が特別なゲノム要素を持っているとは判断しないほうがよいと思われ、試料数が少ないためにわずかの差が大きく強調されている可能性があると考えている。今後は全ゲノム塩基配列情報を取得していない残りの 16 試料のデータを加えて解析する必要があ

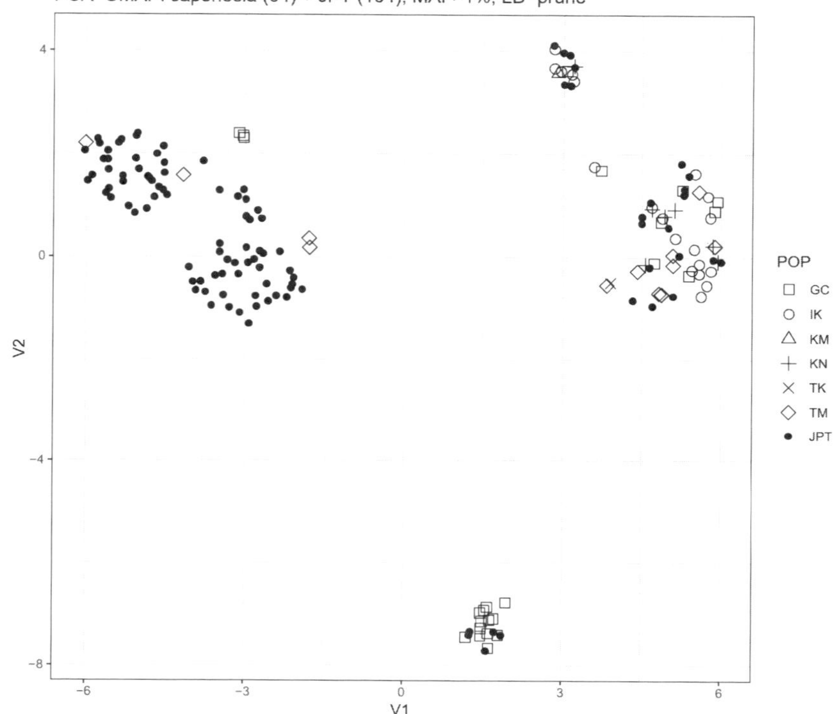

図 7.3　図 7.2 で実施した主成分分析による上位 10 主成分を用いた PCA-UMAP（PCA-uniform manifold approximation and projection）解析
五島を中心としたグループ（中央下）、本土日本人 1KGP を中心とするグループ（五島・対馬も含まれる）（左）、すべてのヤポネシア試料と 1KGP が混在したグループ（右）が形成されている。

るし、可能なら対馬の試料数を増やして考える必要があろう。また、差があるとしても、基本的には日本人集団内でのきわめてわずかな差であって、どのようなゲノム成分であるかの推測推定は現段階では無理である。

主成分分析で得られた主成分のうち上位第十主成分までを使った PCA-UMAP によって、日本人 168 サンプルを分離してみた。5 グループに分離されているように見え、五島試料の集団が形成されているように見えるが、やはり本土日本人（1KGP 試料）がどの集団にも含まれており、基本的には特別な亜集団はないと思われる。

ADMIXTURE ソフトは、大規模な常染色体 SNP 遺伝子型データセットから、モデルベースで祖先の遺伝的要素を推定するプログラムである。ADMIXTURE 解析から、CV エラーは $K=1$ のときがもっとも小さく、複数のゲノム要素が混在していると考えるよりは、ひとつの祖先要素で説明するのがもっともモデルとして適当であるとの結論となった（表 7.2）。2024 年に発表されたバイオバンク・ジャパンの試料を使った日本人のゲノム解析結果によると（Liu et al., 2024）、日本人は 3 つの祖先要素（沖縄要素、東北要素、九州関西要素）で成り立つとの結論であったが、1KGP と九州サンプルだけを解析対象とした今回の解析では、沖縄要素がないこと、および九州要素が強く反映された結果として 1 祖先要素が妥当であるとの結果が出たのだろうと推察できる。

以下の議論は、本研究の CV エラーの数値を基準とすれば正当化さることではないが、ADMIXTURE 解析において $K=2$、つまり ancestor を 2 と強引に設定して解析した結果の図を眺めてみよう。

$K=2$ の場合、対馬成分（ancestor1）と五島成分（ancestor2）と見ることができる。対馬試料は、対馬成分でのみ成り立っているが、どの地域でも両成分で構成される試料が存在している（図 7.4）。ここでも、長崎県の離島試料群も本土日本人とほぼ同じとの結論に至る。五島にも 2 成分が混在する人が存在し、1KGP 試料には、対馬成分のみからなるグループ、五島成分のみからなるグループ、2 成分が混在したグループがある。バイオバンク・ジャパン試料を用いた解析（Liu et al., 2024）におけるどのコンポーネントに相当するのかは不明であるが、今後も解析試料を増やして、詳細を見ていく必要がある。

本項の解析では、沖縄の人々のゲノムデータを入力できていないことが残念

表 7.2　171 サンプルの ADMIXTURE 解析における CV error

	$maf > 0.010$ 269,690 SNV
K=1	0.27384
K=2	0.28916
K=3	0.30582

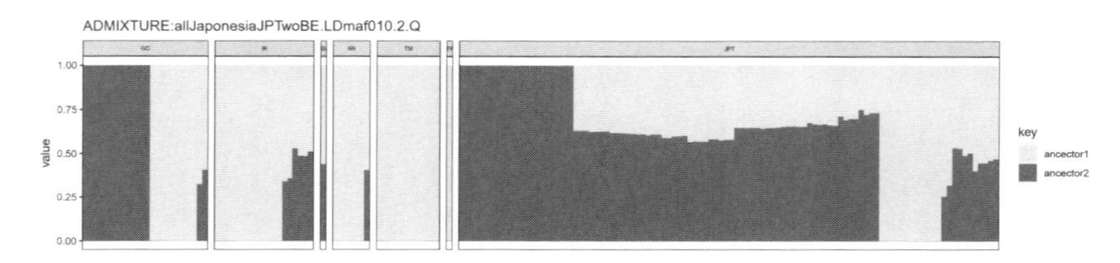

図 7.4　$K=2$ と想定した ADMIXTURE 解析。五島成分と壱岐対馬成分があるように見える。両成分のうち片方のみの 1KGP 試料、両成分が混合した 1KGP 試料も存在している。

である。集団遺伝の解析については、当教室（長崎大学原爆後障害医療研究所人類遺伝学教室）は力量不足であることは否めず、さらなる詳細な解析は、「ヤポネシア」研究の分担者である河合洋介や木村亮介へ試料・データをゆだねて解析をお願いするのが近道のように思う。本研究で集めた長崎県の離島試料は、協力者の先生方の尽力により属性の確かな試料群であり、今後の DNA バンクなどの多数試料を含めた解析に供されることを期待する。

7.3.3　九州地域（特に長崎県の離島）の現代人の構造についての考察

新学術領域研究「ヤポネシアゲノム」で収集した試料で、現段階まで全ゲノム塩基配列が決定できた試料 67 試料（表 7.1）と 1KGP の東京在住 104 試料をあわせて、九州ヤマト人のゲノム（特に長崎県の離島地域：対馬、壱岐、五島列島）の特徴を検討した。今回明らかになったもっとも重要なことは、日本本土周辺の離島地域は、隔離された閉鎖集団ではないかと思われるが、まったくそのようなことはなく、本土日本人と同じようにかなり均一化された人々が住んでいるということである。「二重構造モデル」「内なる二重構造モデル」など、日本国の成り立ちは複数の集団が混ざりあった結果なのであろうことは、想像に難くないが、こと現代人を見る限りは日本本土（離島地域も含めて）はかなり均一化されていて、ごくわずかな違いが検出されるだけなのであろう。

バイオバンク・ジャパンの試料を使った日本人のゲノム解析結果は、祖先集団として 3 つを考えることを明確に示していた（Liu et al., 2024）。我々が対馬、五島、壱岐で集めた試料は、1KGP で収集された日本人集団と明確に区別されるものではなかった。今後、多くの試料とともに解析されて、日本本土の島嶼地域の人々に本土日本人との差がないことも含めて、詳細な結果が期待される。

7.4　九州ヤマト人の HLA 解析

7.4.1　HLA 遺伝子多型を用いたヤポネシア人の集団遺伝学的研究

HLA 領域は免疫機能に関わる多数の遺伝子を有し、ヒトゲノムで最も多様性に富む領域である。HLA 領域の遺伝子について詳しくは、第2巻9章（細道, 2025）を参照されたい。HLA 領域の遺伝的多様性は人類の移住、混合、自然選択や遺伝的適応といった進化過程を類推するための重要なツールであり、日本人の起源を解明するための集団遺伝学的研究が盛んに行われてきた（Tokunaga et al., 1996）。

HLA 遺伝子多型を用いた研究により、縄文系祖先集団の遺伝的背景を強く受け継いでいる沖縄集団とアイヌ集団が互いに近接しており、本土集団は朝鮮集団などの東アジア集団と沖縄・アイヌ集団の中間に位置することが示され、埴原らの二重構造仮説が支持されている（Hatta et al., 1999；Bannai et al., 2000）。また、東南アジアに広く分布し、沖縄集団で高頻度に認められる HLA ハプロタイプ A*24-B*54-DRB1*04：05 が、アイヌ集団には認められなかったことから、沖縄とアイヌの祖先集団が分離した後、沖縄に東南アジアの遺伝的背景をもつ集団からの流入があったと推測されている。沖縄集団とアイヌ集団が縄文系祖先集団の遺伝的背景を強く受け継いでいる集団とされながらも、遺伝的距離が比較的遠い一因と考えられている（Hatta et al., 1999）。

HLA アレルやハプロタイプから日本人集団と遺伝的背景を共有する集団について推測する試みが行われてきた（Tokunaga et al., 1996）。日本人本土集団の HLA ハプロタイプの多くは朝鮮集団にも共通して認められるが（Tokunaga et al., 1997；Ito et al., 2000；Lee et al., 2005；Kawashima et al., 2012；Nakaoka et al., 2013）、これは弥生系祖先集団が朝鮮半島から移住してきたという仮説に合致する。本土と沖縄の間で頻度に大きな差異が認められる HLA アレルから構成されるハプロタイプに着目すると、沖縄で頻度が低く、本土で頻度の高いアレルは、互いに強い連鎖不平衡にあり、長いハプロタイプとして保存されている（A*24：02-C*12：02-B*52：01-DRB1*15：02-DPB1*09：01 および A*33：03-C*14：03-B*44：03-DRB1*13：02-DPB1*04：01）。これらのハプロタイプは日本集団と朝鮮集団に共通して認められることから、弥生系祖先集団によって朝鮮半島から日本列島にもたらされ、急速に増加したと考えられる。一方、沖縄で頻度が高く、本土で頻度が低いアレルの間では連鎖不平衡が崩れ、断片化されたハプロタイプとして存在している。アレル間の連鎖不平衡は世代を重ねるにしたがって減衰していくため、これらのアレルから構成されるハプロタイプは世代として古く、弥生系祖先集団によって朝鮮半島から遺伝的流入が起きる以前の移住イベントによって日本列島にもたらされたと推測される。沖縄でもっとも頻度の高いハプロタイプである A*24：02-C*01：02-B*54：01-DRB1*04：05-DPB1*05：01 は東南アジア集団において頻度が高く、朝鮮半島からの遺伝的流入以前に東南アジア集団からもたらされたと推測される。沖縄と本土で特に頻度の差が大きいアレルで構成されるハプロタイプ A：02：06-B*35：0 では、アレル間の連鎖不平衡が顕著に減衰しており、より古い起源をもつことが示唆される。当該ハプロタイプはアラスカのユピック族で高頻度に認められる。また、日本で頻度が高く、韓国人で頻度が低い HLA アレルから構成されるハプロタイプである A*24：02-C*03：04-B*40：02 は台湾の蘭嶼島のヤミ族、アリューシャン列島のアレウト族、アラスカのユピック族、北ネイティブアメリカンおよび中央ネイティブアメリカン（メキシコ先住民のタラウマラ族）に共通して認められる。HLA 遺伝子多型情報を用いた解析の結果からもアジア大陸から複数回の移動の波によって日本人集団が形成されたと考えられている（Tokunaga et al., 1996；Nakaoka et al., 2013；Nakaoka and Inoue, 2015）。

7.4.2 HLA 遺伝子多型からみた九州ヤマト人の集団構造

HLA 遺伝子多型情報から九州ヤマト人の特徴をとらえるため、都道府県レベルの HLA アレル頻度データに対して主成分分析を行った（図 7.5）。日本赤十字が骨髄バンク事業で収集した 17 万 7,041 人に対して HLA-A、-B、-C、-DRB1 の 4 遺伝子を第 2 区域レベルでタイピングした大規模なデータである（Hashimoto et al., 2020）。

HLA-A 遺伝子の主成分分析では第一主成分で沖縄と本土集団が分離し、第二主成分で本土内部の地域集団間の差異が説明される（図 7.5A）。東北地方の集団が沖縄に近接する傾向が認められる。この結果は、沖縄は本土に比べて A*02：06、A*26：01 の頻度が高く、A*24：02、A*33：03、A*11：01 の頻度が低いという特徴を示しており、東北地方はこれらアレルの頻度が沖縄と他の本土集団の中間的な値であることを反映している。第二主成分の両端に着目すると、東海と北陸が上方にクラスターを形成し、四国や和歌山県が下方に分布している。東海と北陸では弥生系祖先集団が朝鮮半島からもたらしたと考えられるハプロタイプの構成要素である A*33：03 の頻度が高く、四国では A*02：01、A*11：01、A*26：02、A*31：01 の頻度が高い。東海と北陸で頻度の高いアレルは四国で低頻度であり、四国で頻度の高いアレルは東海と北陸で低頻度という対照的な関係が認められる。九州は関東、近畿を含む大きなクラスターに含まれていたが、詳細に見ると、鹿児島、宮崎、大分の南九州は沖縄、東北に類似したアレル頻度を示し、福岡、佐賀、長崎、熊本は四国や中国に近く分布している。

もっとも多型性の高い HLA-B のアレル頻度情報を用いた主成分分析では、各都道府県の地理的な分布を反映した興味深いプロットが得られた（図 7.5B）。沖縄は B*35：01 や B*40：01 の頻度が本土に比べて顕著に高く、本土集団と明確に離れた座標に位置している。本土集団の分布に関して、第二主成分のゼロ付近に近畿の集団が分布し、下方に東日本の集団、上方に西日本の集団が分布している。東日本の中でも東北は第一主成分に関して沖縄に近づく方向にシフトしている。この結果は、沖縄と東北で共通して B*15：01 や B*40：02 の頻度が高いことを反映している。また、東海と北陸は弥生系祖先集団によって朝鮮半島からもたらされたと考えられるハプロタイプの構成要素である B*44：03 および B*52：01 を高頻度に保有しているため、沖縄から対角の位置に分布している。南九州、四国および和歌山では B*51：01、B*54：01 を高頻度に有する特徴が共通しており、第二主成分における上方へのシフトが認められる。九州地方に着目すると、第二主成分の上下方向が九州の南北方向と関連している。さらに、斎藤と Jinam によって提唱された「内なる二重構造仮説」（Jinam et al., 2021）にしたがって、都道府県を日本列島中央軸とその周辺に分類して

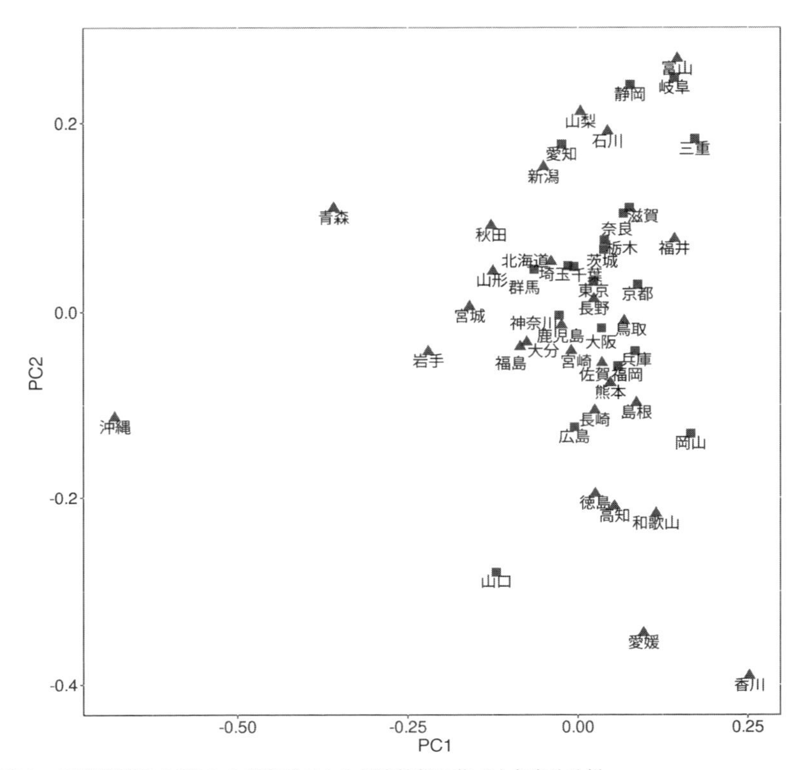

図 7.5A　47 都道府県の HLA-A 遺伝子アレル頻度情報に基づく主成分分析
47 都道府県を日本列島中央軸（■）と、その周辺（▲）のふたつのグループに分類した。

みると、第一主成分および第二主成分の座標平面上の原点を中心として日本列島中央軸集団が分布しており、周辺に分類される集団が中心から離れた座標に分布していることがわかる。

HLA-C および HLA-DRB1 についても HLA-B と同様に下記の特徴が認められる（図 7.5C、D）。沖縄が本土集団と離れた座標に位置している。第二主成分のゼロ座標を境として本土集団が東日本と西日本に分かれて分布している。さらに、内なる二重構造仮説にしたがって本土集団を分類すると、第一主成分と第二主成分の座標平面上の原点を中心に日本列島中央軸集団が分布し、周辺に分類される集団が中心から離れた座標に分布している。九州集団については、北九州が座標平面上の原点に近く、南九州はより離れた位置に分布してい

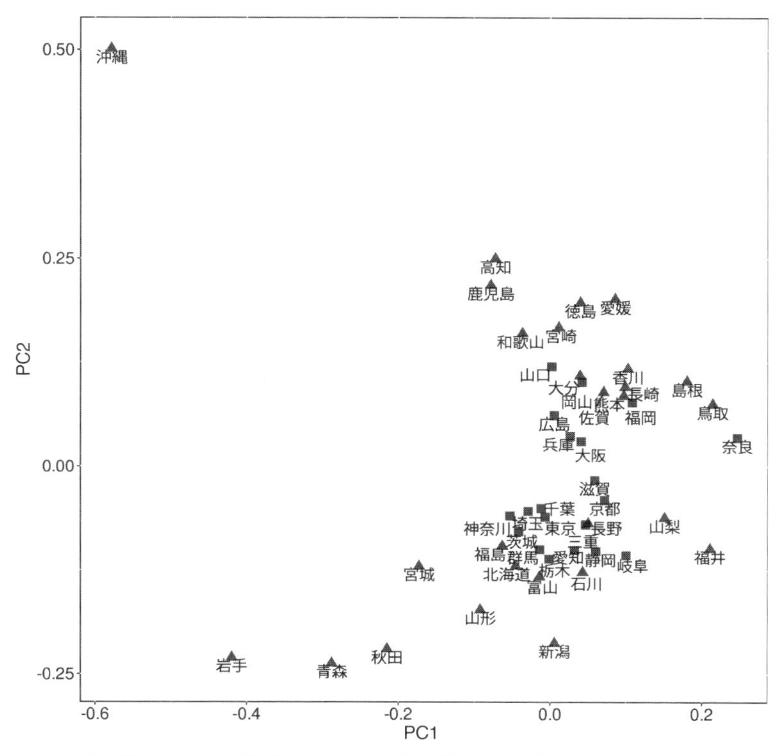

図 7.5B　47 都道府県の HLA-B 遺伝子アレル頻度情報に基づく主成分分析
47 都道府県を日本列島中央軸（■）と、その周辺（▲）のふたつのグループに分類した。

る。

これらの結果から、日本人集団の HLA 遺伝子多様性は斎藤成也が提唱する内なる二重構造仮説との親和性が高いと考えられる。また、九州ヤマト人においても遺伝的背景に地理的な差異が存在すると考えられる。

7.4.3　長崎県離島地域と宮崎県における HLA 遺伝子多型

前節に記載したように、ヤポネシアゲノム研究を通じて長崎県離島地域と宮崎県延岡市の試料を収集した。そのうち、対馬 (26 例)、壱岐 (48 例)、五島 (48 例)、延岡 (48 例)、徳之島 (1 例)、宮崎 (1 例) について、標的領域キャプチャー法を用いた次世代シーケンス技術によって HLA 遺伝子の配列を決定した。

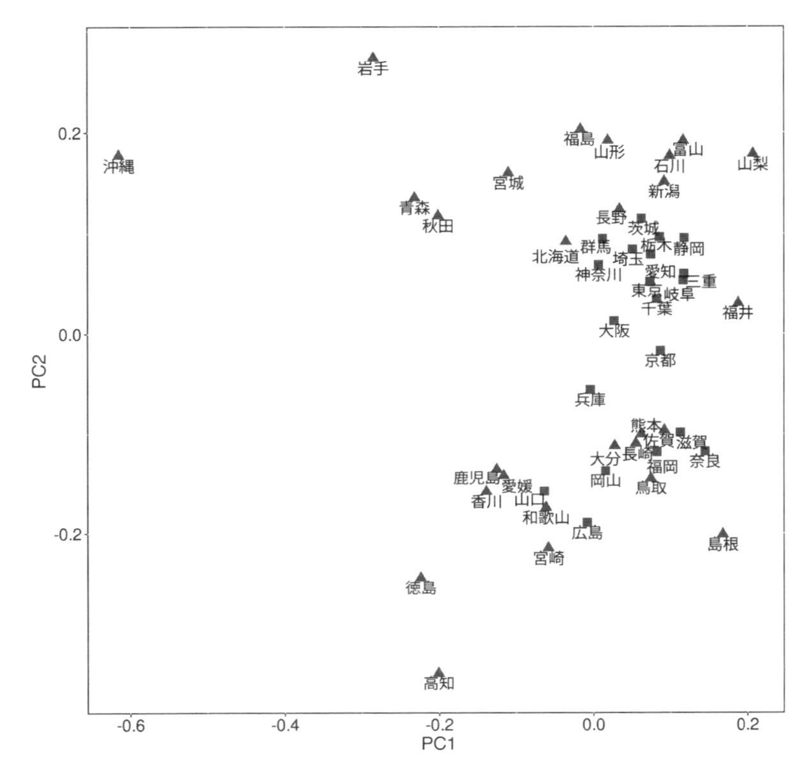

図 7.5C　47 都道府県の HLA-C 遺伝子アレル頻度情報に基づく主成分分析
47 都道府県を日本列島中央軸（■）と、その周辺（▲）のふたつのグループに分類した。

HLA 遺伝子の配列決定手法について詳しくは、第2巻9章（細道, 2025）を参照されたい。前述の都道府県レベルのデータに比べて、検体数が非常に少ないため、HLA アレル頻度のデータを統合して主成分分析を実施しても正確な結果が得られないと考えられる。そこで、HLA-A、-B、-C、-DRB1 の各遺伝子座について、Hashimoto らの都道府県レベルのデータで本土あるいは沖縄で頻度の高い順にアレルを選択し、本土および沖縄で累積頻度が 85% 以上になるようにアレルのセットを選出した。選出したアレルについて、長崎県離島地域と宮崎県延岡市のデータでの累積頻度と比較した（表 7.3）。

本土あるいは沖縄で頻度の高いアレルは長崎県離島地域と宮崎県延岡市の集団においても高頻度であり、累積頻度は平均で 89.3% と高い値を示した。この

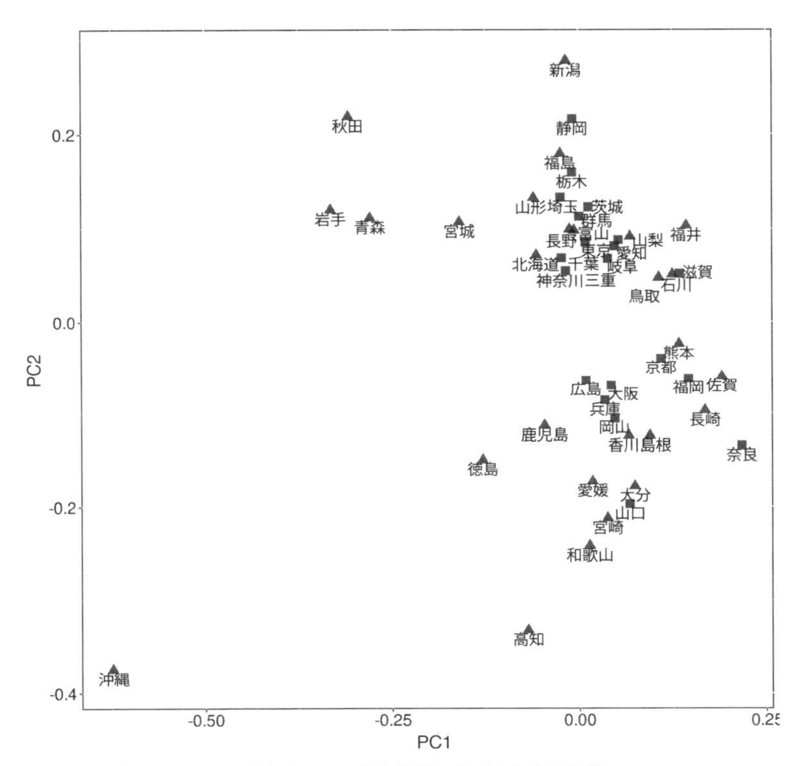

図 7.5D　47 都道府県の HLA-D 遺伝子アレル頻度情報に基づく主成分分析
47 都道府県を日本列島中央軸（■）と、その周辺（▲）のふたつのグループに分類した。

結果から、長崎県離島地域と宮崎県延岡市の集団における HLA 遺伝子多型による遺伝的構成は本土や沖縄と類似していることがわかった。弥生系祖先集団によってもたらされたと考えられる A*24：02-C*12：02-B*52：01-DRB1*15：02 と A*33：03-C*14：03-B*44：03-DRB1*13：02 の構成要素であるアレル頻度に着目すると、長崎県離島地域と宮崎県延岡市の集団においても本土と同程度の頻度であり、長崎県離島地域においても本土と同程度に弥生系祖先集団の遺伝的寄与が認められた（表 7.3）。今後、長崎県離島地域の歴史的背景と照らしあわせて考察することにより九州ヤマト人の遺伝的背景について理解が深まると期待される。

表 7.3　本土あるいは沖縄で頻度が高い HLA アレルに対する壱岐、五島列島、対馬、延岡での頻度分布

HLA-A

アレル	本土	沖縄	壱岐	五島列島	対馬	延岡
A*24:02	0.363	0.336	0.396	0.326	0.462	0.365
A*02:01	0.113	0.114	0.094	0.120	0.077	0.167
A*02:06	0.091	0.169	0.094	0.152	0.135	0.104
A*11:01	0.090	0.072	0.073	0.076	0.077	0.052
A*31:01	0.088	0.068	0.073	0.054	0.058	0.063
A*33:03	0.075	0.023	0.073	0.098	0.019	0.042
A*26:01	0.074	0.119	0.063	0.011	0.038	0.052
Total	0.894	0.900	0.865	0.837	0.865	0.844

HLA-B

アレル	本土	沖縄	壱岐	五島列島	対馬	延岡
B*52:01	0.112	0.033	0.125	0.054	0.096	0.094
B*51:01	0.089	0.083	0.094	0.120	0.096	0.052
B*35:01	0.081	0.160	0.094	0.087	0.096	0.094
B*54:01	0.078	0.086	0.115	0.054	0.077	0.073
B*15:01	0.077	0.098	0.052	0.043	0.096	0.115
B*40:02	0.076	0.088	0.042	0.065	0.058	0.115
B*44:03	0.067	0.027	0.063	0.076	0.019	0.042
B*07:02	0.057	0.022	0.031	0.054	0.038	0.010
B*40:01	0.053	0.080	0.073	0.109	0.096	0.083
B*40:06	0.047	0.059	0.073	0.065	0.058	0.135
B*46:01	0.047	0.028	0.063	0.033	0.058	0.031
B*39:01	0.032	0.043	0.021	0.043	0.019	0.042
B*55:02	0.025	0.032	0.052	0.022	0.077	0.042
B*59:01	0.019	0.052	0.000	0.011	0.019	0.000
Total	0.862	0.891	0.896	0.837	0.904	0.927

HLA-C

アレル	本土	沖縄	壱岐	五島列島	対馬	延岡
C*01:02	0.175	0.196	0.229	0.152	0.212	0.156
C*03:03	0.134	0.223	0.177	0.098	0.173	0.104
C*07:02	0.126	0.126	0.063	0.130	0.115	0.104
C*03:04	0.120	0.128	0.063	0.163	0.154	0.198
C*12:02	0.113	0.034	0.125	0.065	0.096	0.094
C*08:01	0.074	0.069	0.083	0.065	0.038	0.198
C*14:02	0.070	0.062	0.083	0.098	0.096	0.042
C*14:03	0.067	0.026	0.063	0.076	0.019	0.042
C*04:01	0.043	0.040	0.000	0.033	0.019	0.021
C*15:02	0.030	0.046	0.042	0.000	0.038	0.031
Total	0.951	0.949	0.927	0.880	0.962	0.990

HLA-DRB1

アレル	本土	沖縄	壱岐	五島列島	対馬	延岡
DRB1*09:01	0.149	0.116	0.083	0.076	0.135	0.198
DRB1*04:05	0.135	0.178	0.177	0.152	0.192	0.115
DRB1*15:02	0.104	0.033	0.125	0.076	0.096	0.083
DRB1*08:03	0.081	0.052	0.083	0.087	0.135	0.083
DRB1*15:01	0.074	0.176	0.073	0.109	0.115	0.083
DRB1*13:02	0.064	0.026	0.083	0.098	0.019	0.042
DRB1*01:01	0.059	0.023	0.021	0.043	0.077	0.031
DRB1*08:02	0.043	0.062	0.042	0.022	0.058	0.073
DRB1*12:01	0.037	0.046	0.042	0.054	0.000	0.073
DRB1*14:54	0.033	0.058	0.031	0.043	0.038	0.042
DRB1*04:06	0.032	0.025	0.031	0.011	0.038	0.000
DRB1*04:03	0.030	0.039	0.031	0.011	0.000	0.021
DRB1*04:10	0.021	0.028	0.042	0.022	0.038	0.042
DRB1*14:06	0.014	0.027	0.000	0.011	0.000	0.031
Total	0.875	0.889	0.865	0.815	0.942	0.917

謝　辞

ヤポネシアゲノム研究のための試料収集にもっとも尽力していただいたのは、長崎大学医歯薬学総合研究科先進予防医学共同専攻先進予防医学講座総合診療学の前田隆浩教授である。当人は、同研究科医療科学専攻寄附講座離島・へき地医療学講座の教授を兼任し、五島中央病院で外来を担当しており、「自分の患者さんはよく知っているから、いろいろ聞いてサンプリングしましょう」と快諾していただき、長崎県五島列島福江市での試料収集をお願いすることになった。前田教授は、長崎県の離島医療に従事している先生方とのつながりが強く、対馬病院の八坂貴宏院長、壱岐病院の向原茂明院長と連絡を取り、五島に加えて対馬と壱岐についても試料収集をお願いできることとなった。

長崎県の離島以外の試料収集も任されていたのであるが、長崎以外で試料収集ができたのは、宮崎県延岡市の県立延岡病院であった。自分自身の研究でつながりのあった九州医療科学大学の園田徹教授から、県立延岡病院の大塚晃生氏を紹介していただき病院関係者から試料収集をしていただけることになった。その他の県の試料収集も実施すべきではあったのだが、私の力及ばず、長崎県離島地域と宮崎県延岡市の試料が収集できた試料となった。

前田隆浩教授、八坂貴宏院長、向原茂明院長、園田徹教授、大塚晃生氏には大変なご苦労をかけながら試料収集ができた。試料収集には、病院での患者さんのボランティアによる試料提供や、病院スタッフのボランティアによる試料提供の前提であってはじめて成り立つものであって、診療の間に試料収集するための多大な労力を割いてくださった先生方および協力してくださった方々にこの場を借りて深謝申し上げる。

文　献

Alexander D. H., Novembre J., and Lange K.（2009）Fast model-based estimation of ancestry in unrelated individuals. *Genome Research* **19**（9）：1655-1664.

Bannai M. et al.（2000）Analysis of HLA genes and haplotypes in Ainu（from Hokkaido, northern Japan）supports the premise that they descent from upper paleolithic populations of East Asia. *Tissue Antigens* **55**（2）：128-139.

Hashimoto S. et al.（2020）Implications of HLA diversity among regions for bone marrow donor searches in Japan. *HLA* **96**（1）：24-42.

Hatta Y. et al.（1999）HLA genes and haplotypes in Ryukyuans suggest recent gene flow to the

Okinawa islands. *Human Biology* **71** (3): 353–365.

細道一善 (2025) 古代人の HLA 解析．篠田謙一編『ヤポネシアの古代人ゲノム』朝倉書店 (刊行予定).

Jinam T. A., Kawai Y., and Saitou N. (2021) Modern human DNA analyses with special reference to the inner dual-structure model of Yaponesian. *Anthropological Science* **129** (1): 3–11.

Kawashima M. et al. (2012) Evolutionary analysis of classical HLA class I and II genes suggests that recent positive selection acted on DPB1*04: 01 in Japanese population. *PLOS One* **7** (10): e46806.

Lee K. W. et al. (2005) Allelic and haplotypic diversity of HLA-A, -B, -C, -DRB1, and -DQB1 genes in the Korean population. *Tissue Antigens* **65** (5): 437–447.

Liu X. et al. (2024) Decoding triancestral origins, archaic introgression, and natural selection in the Japanese population by whole-genome sequencing. *Science Advances* **10** (16): eadi8419.

Nakaoka H. et al. (2013) Detection of ancestry informative HLA alleles confirms the admixed origins of Japanese population. *PLOS One* **8** (4): e60793.

Nakaoka H. and Inoue I. (2015) Distribution of HLA haplotypes across Japanese Archipelago: similarity, difference and admixture. *Journal of Human Genetics* **60** (11): 683–690.

Purcell S. et al. (2007) PLINK: a toolset for whole-genome association and population-based linkage analysis. *The American Journal of Human Genetics* **81** (3): 559–575.

Saito S. et al. (2000) Allele frequencies and haplotypic associations defined by allelic DNA typing at HLA class I and class II loci in the Japanese population. *Tissue Antigens* **56** (6): 522–529.

Tokunaga K. et al. (1996) On the origin and dispersal of East Asian populations as viewed from HLA haplotypes. In: Akazawa T. and Szathmary E. J. E. (eds.) *Prehistoric Mongoloid Dispersals*, Oxford University Press, pp.187–197

Tokunaga K. et al. (1997) Sequence-based association analysis of HLA class I and II alleles in Japanese supports conservation of common haplotypes. *Immunogenetics* **46** (3): 199–205.

先史琉球とゲノム研究

木村亮介

琉球弧の島々は海によって孤立しており、そこに住む人々は独自の文化を育んできた。本章では先史琉球における周辺地域との交流について考古学の知見を概観した上で、ゲノム研究が貢献できることを議論しつつ、琉球における集団形成についての成果を紹介する。

● 8.1　琉球の地理

琉　球　琉球弧は、九州から台湾にかけての約 1,200 km にわたる弧状に連なった島々である。琉球弧の東側には水深 6,000〜7,000 m の南西諸島海溝があり、そこでユーラシアプレートの下にフィリピン海プレートが沈み込んでいる。琉球弧の西側、東シナ海大陸棚との間には、沖縄トラフと呼ばれる水深 1,000〜2,000 m の凹地がある。また、琉球弧は、水深 1,000 m を超える海底谷であるトカラ海峡とケラマ海裂によって分断されている。

ここで、琉球弧における地域を国土地理院（2022）「地名集日本 2021」にしたがって整理したい（図 8.1）。九州と台湾との間の琉球弧に存在する島々、大陸棚にある尖閣諸島、およびフィリピン海プレート上の大東諸島は、南西諸島と総称される。南西諸島のうち、鹿児島県に属する大隅諸島、吐噶喇列島、奄美群島は、あわせて薩南諸島という。また、沖縄県に属する島々のうち大東諸島を除いて、沖縄諸島および先島諸島をあわせて琉球諸島と呼ぶ。琉球諸島と

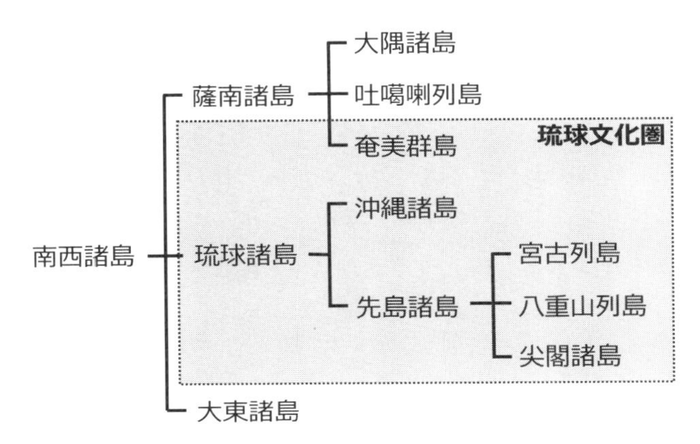

図 8.1 南西諸島の地域区分と琉球文化圏

いう語は、以前は定義が明確でなく、南西諸島と同義で用いられたり、奄美群島以南の琉球弧の島々として用いられたりしていた。しかし、2011 年に開催された「地名等の統一に関する連絡協議会」(第 73 回) において、琉球諸島は大東諸島を除く沖縄県全域と定義が明確化された。ちなみに沖縄諸島には、沖縄本島およびその周辺離島、久米島、粟国島、渡名喜島、慶良間列島に加えて、硫黄鳥島が含まれる。硫黄鳥島は、徳之島の西方に位置するが、行政的には沖縄県島尻郡久米島町に属し、沖縄県最北端の島である。先島諸島には、宮古列島、八重山列島、尖閣諸島が含まれる。

生物地理学的には、琉球弧はトカラ海峡とケラマ海裂 (それぞれ「渡瀬線」と「蜂須賀線」に相当) を境界として、北琉球・中琉球・南琉球の 3 つの地域に分けられることがある。また、先史考古学的視点からも同様に、北部圏・中部圏・南部圏という 3 つの文化圏区分がなされている。一方、琉球王国の支配範囲を中心とした視点においては、奄美群島および琉球諸島を琉球文化圏とし、奄美群島・沖縄諸島を北琉球圏、先島諸島を南琉球圏とすることがある。

以上のように、琉球弧の島々は、行政や研究分野によってさまざまに区分されてきた。本章では、単に「琉球」といった場合には、琉球文化圏つまり奄美群島および琉球諸島の地域を指し、その地域の人々を「琉球人」と呼ぶことにする。

本土日本　考古学や人類学の分野では、琉球や北海道と対比して、本州・

九州・四国をひとつの文化圏として扱うことが多い。そのため、本州・九州・四国地域を慣例的に「本土日本」と呼んでいる。本来、「本土」は、離島や植民地などとの対比で用いられる語である。一般的には、離島との対比として、北海道・本州・四国・九州の4島に対して用いられたり、それに沖縄本島を加えた5島に対して用いられたりする。本州・九州・四国がひとつづきであった最終氷期の島の呼び名として「古本州島」、古事記や日本書紀において周辺の島々もまとめて表す言葉として「大八洲(おおやしま)」があるが、本章では慣例にならって本土日本と呼ぶことにする。

● 8.2　考古学に見る先史の琉球と周辺地域との交流

旧石器時代　琉球の先史について、ヒトの移動や文化の交流を中心に、おもに考古学からわかっている知見を旧石器時代から順を追って概観しよう。ここで、考古遺物の年代は放射性炭素年代測定の較正年代として示す。

日本列島において明確な人類の痕跡が見られるのは後期旧石器時代の3万8,000年前以降であり、現生人類（ホモ・サピエンス）によるものであると考えられている。日本列島には1万を超える後期旧石器時代の遺跡が見つかっているにもかかわらず、人骨の発見は非常に限られている（日本旧石器学会, 2010）。本土日本においては、後期旧石器時代人骨であることが現時点で確実視されているものは、約1万8,000年前の浜北人骨のみである（馬場, 2020）。一方、琉球では、沖縄本島の山下町第一洞穴（約3万6,500年前）や港川フィッシャー（約2万1,000年前）、宮古島のピンザアブ洞穴（約3万年前？）などで後期旧石器時代人骨が発見され、さらに近年の精力的な発掘により、沖縄本島のサキタリ洞人骨（約3万5,000年前）や石垣島の白保竿根田原人骨（約2万7,500年前）が加わった（海部, 2020）。本土日本では酸性土壌のため骨の残りが悪い一方、琉球では石灰岩が骨の残りを助けると考えられている。

琉球の旧石器時代人を考える上で、本土日本の後期旧石器文化に特徴的なナイフ形石器の出土例がないことは重要である（小田, 2007）。奄美大島の土浜ヤーヤ遺跡、喜子川遺跡、徳之島の天城遺跡、ガラ竿遺跡では、後期旧石器時代の層に石器が出土するが、ナイフ形石器を伴っておらず、本土日本の後期旧石器文化とは異なっていることが指摘されている。一方、沖縄本島においては、サキタリ洞遺跡の後期旧石器時代の層から、多くの貝器が見つかっている（山崎，2018）。約2万3,000年前の貝製の釣針は、現在のところ世界最古の釣針である。このような石器文化の違いにより、琉球の旧石器時代人は本土日本を経由していないことが示唆される。

後期旧石器時代人が日本列島に現れた3万5,000年前頃は氷河期であり、氷床量が最大となる最終氷期最盛期には海水面が現在より120 m低かったと考えられている（横山ほか，2018）。この当時、北海道はサハリンとともに大陸と陸続きであったが、北海道と本州の間は津軽海峡で隔てられていた。本州・九州・四国が陸続きで古本州島を形成していたことも明らかであるが、最終氷期最盛期に朝鮮半島ともつながっていたかどうかは議論の余地があり、対馬海峡に幅10～15 kmほどの海が存在したとも考えられている（菅，2004）。いずれにせよ、この程度の海であれば、人類は容易に渡ることができたと想像される。

さて、琉球はどうであったか。最終氷期に琉球にも大陸からの陸橋があり、人類はそこを通ることができたとする説がかつてあったが、現在は最終氷期以降に琉球の島々が大陸と陸続きになったことはないと考えられている（古川・藤谷，2014；横山ほか，2018）。また、黒潮の流れも現在と同様に、台湾の東側を北上し、沖縄トラフを通って、トカラ海峡から太平洋側に抜けるルートを通っていたと推定されており、大陸と地続きだった台湾周辺から海を越えて琉球の島々にたどり着くのは至難の業だったといえる。海部らは、後期旧石器時代における琉球への人類の渡海を検証するため、「3万年前の航海 徹底再現プロジェクト」を立ち上げ（海部，2018）、2019年に台湾から与那国島まで丸木舟での実験航海を成功させた。3万年前と現在とではさまざまな条件が異なるため、完全再現は不可能であるが、出来うる限りを「徹底」した再現であり、我々が抱く後期旧石器時代人像はより鮮明なものとなった。

サキタリ洞遺跡の発掘では、港川人がいた約2万1,000年前から貝塚時代がはじまるまでの「空白期」を埋めるような遺物が見つかっているのも特筆すべきである（山崎，2018）。約9,000年前の押引文土器は、沖縄本島最古の土器を従来の約8,000年前から更新するものであった。さらに、約1万年前に遡る

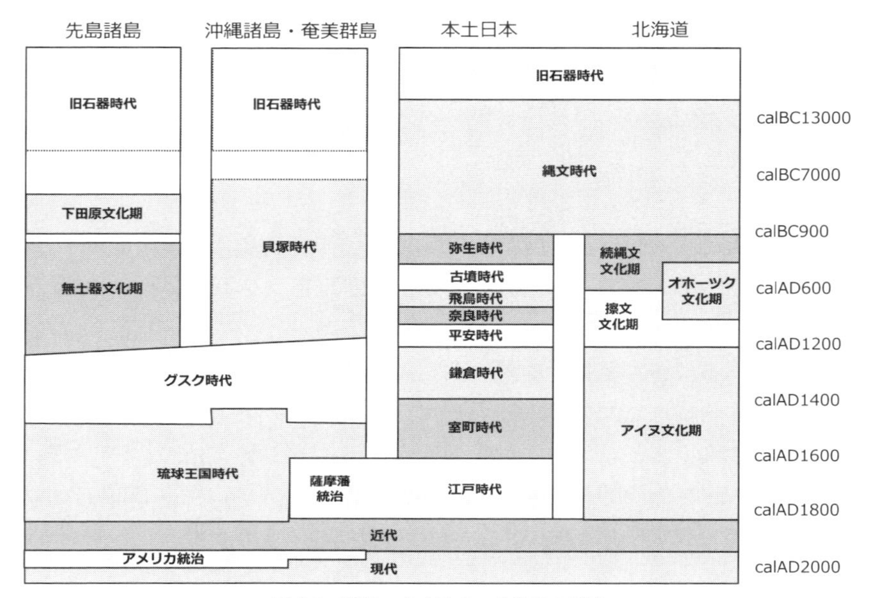

図 8.2　琉球・本土日本・北海道の歴史

古い土器が、勝連半島近くの籔地島にある籔地洞穴遺跡においても見つかっている。また、サキタリ洞遺跡の約1万4,000年前の層からは、人骨とともに、小さな石英の石器や巻貝性のビーズが出土している。これらの発見により、これまで完全に断絶していると考えられていた後期旧石器時代と後述する貝塚時代との間の連続性についても、新たな検討課題として浮上することとなった。

貝塚時代前期（縄文時代）　貝塚文化は、本土日本の縄文文化から派生したと考えられる狩猟採集民の文化であり、グスク時代が開始する11〜12世紀頃まで続く。そのため、貝塚時代の前期を縄文時代とみなし、後期を弥生〜平安並行期とすることも多い。九州の縄文文化の影響を受けた爪形文土器が沖縄諸島に現れるのは約8,000年前に遡り、従来、それをもって貝塚時代のはじまりとされてきた。しかしながら、前述のとおり、それよりも古い年代の土器の発見により、貝塚時代の開始については再考が迫られている。

本土日本の縄文時代は、土器の型式を基準として、草創期（1万6,500〜1万1,500年前）、早期（1万1,500〜7,000年前）、前期（7,000〜5,500年前）、中期

(5,500〜4,400 年前)、後期 (4,400〜3,200 年前)、晩期 (3,200〜2,400 年前) の6つに大別されている。琉球の縄文時代 (貝塚時代前期) も同様に、草創期を除いて、5つの期に分けられる (高宮, 1991)。前述の爪形文土器は奄美群島・沖縄諸島では縄文時代早期に現れるが、本土日本では縄文時代草創期を代表する土器型式として知られている。縄文時代前期になると、条痕文土器や、同時代の西九州を代表する土器型式である曽畑式土器が奄美群島・沖縄本島に出現する。これらは、九州からの縄文文化の伝播を示す証左となった。一方で、縄文時代前期末には、大隅諸島から沖縄諸島にかけて、室川下層式土器が分布するようになる。続いて縄文時代中期には、面縄前提式土器など奄美群島・沖縄諸島に限定的な土器型式が現れる。縄文時代後期には、南九州に由来する市来式土器や出水式土器も見られる一方で、沖縄諸島を中心に北は沖永良部島まで認められる伊波式土器、沖縄諸島のみに認められる荻堂式・大山式土器など、さらに地域独自の土器が生まれる。そして、縄文時代晩期には、沖縄本島では室川上層式、宇佐浜式といった土器が出土し、奄美群島から吐噶喇列島にかけては宇佐浜式と類縁の宇宿上層式が分布する。また、沖縄本島と奄美群島の両方で仲原式土器が出土する。そして驚くべきことに、縄文時代晩期に東北地方に起源し、東日本を中心に分布する大洞系土器が奄美群島・沖縄諸島でも出土している。以上の通り、土器の変遷と分布には、地域間の交流と地域の独自性の両方が表れているのである。さらに広範囲な交易は、縄文時代後晩期の奄美群島・沖縄諸島で出土する新潟県糸魚川産のヒスイや佐賀県腰岳産の黒曜石にも見てとれる。

貝塚時代後期 (弥生〜平安並行期)　大陸から稲作農耕が本土日本に伝わり弥生時代になっても、奄美群島・沖縄諸島では狩猟採集社会が続いた。しかしながら、貝塚時代後期に本土日本と奄美群島・沖縄諸島との間に交流の断絶があったわけではなく、むしろ長距離交易は活発化していく。ちなみに、九州北部での水田稲作の開始時期が見直され、紀元前 10 世紀とされるようになったことで (藤尾, 2009)、貝塚時代後期をいつからとするかは議論の余地があるかもしれない。今後の考古学の動向を見守りたい。

貝塚時代後期の土器は、無文尖底土器群とくびれ平底土器群の2型式に分けることができるようだ (宮城, 2021)。無文尖底土器群は仲原式土器の系譜と考えられ、弥生～古墳並行期の沖縄諸島では古い順に阿波連下層式、浜屋原式、大当原式土器が現れる。一方、弥生並行期の奄美群島では阿波連下層式土器はみられるものの、南九州や大隅諸島の影響を受けて、くびれ平底土器が現れ、古墳～平安並行期においてスセン當式、次いで兼久式土器に発展していく。そして、古墳～平安並行期には沖縄諸島においても、くびれ平底土器が主流となり、アカジャンガー式を経て、フェンサ下層式土器が出現する。

貝塚時代後期の交易としてもっとも研究されているのは、貝殻の交易であろう（木下，2021）。貝殻の産地である沖縄諸島では、ゴホウラやイモガイの集積や貝輪などの粗加工品が見られるようになり、北部九州などの消費地からは貝輪で装飾された埋葬人骨などが出土するようになる。貝交易のはじまりは、紀元前8～7世紀の仲原式土器の時代まで遡ることができ、消費者は佐賀県大友遺跡などの支石墓に葬られた人々であった。興味深いことに、これらの支石墓人骨は縄文人的形態形質をもつことが指摘されている。紀元前5～2世紀にかけては北部九州弥生人を消費者として貝交易の量は増していくが、紀元2世紀になるとそれは急速に減衰する。3～5世紀になると、近畿地方の古墳人を中心とした交易にシフトし、種子島においても貝殻の消費が見られるようになる。さらに6世紀以降には九州との交易が再開したことがうかがえる。

本土日本では7世紀頃までにヤマト政権による統一国家が形成され、7世紀後半から律令国家としての支配体制を構築し、地方における行政区画も整備されていく。史料のなかにも、7世紀初頭からの南西諸島との通交が見られるようになる（柿沼，2023）。「日本書紀」には、616年と631年に「掖玖（屋久島）人」の帰化、670年代に「多禰嶋（種子島）」の記述があり、682年に「多禰人・掖玖・阿麻彌（奄美）人」の来朝・賜禄、699年に「多褹・夜久・菴美・度感（徳之島）等人」の朝貢が記されている。当時、これらの地域はヤマト王権の勢力範囲外であったが、その後8世紀初頭には、大隅諸島がヤマト王権によって内国化されていく。また、「続日本紀」には、714年に「奄美・信覚（石垣？）及球美（久米島）等嶋人五十二人」、715年に「奄美・夜久・度感・信覚・球美等」、720年に「南嶋人二百十二人」、727年に「南嶋人百十二人」が来朝したことが記されている。これらの島の人々は夷狄として扱われており、やはりヤマト王権の勢力圏外であったことがうかがえる。さらに、「唐大和上東征伝」

には、753年に鑑真を乗せた遣唐使船は、阿児奈波（沖縄）、益救島（屋久島）を経由して、薩摩国にたどり着いたことが記されている。唐で621年から約300年間にわたって鋳造された開元通宝の分布が奄美諸島から先島諸島にまで及んでいることも、遣唐使船の「南島路」と関係があるかもしれない。

先島諸島の先史　縄文文化の影響は先島諸島までは到達せず、先島諸島には独自の新石器文化が存在した。約4,800～4,200年前には鉢形で把手のついた下田原式土器や磨製石斧を特徴とする下田原文化、約3,000～1,300年前にはシャコガイ製の貝斧や石蒸しの集積遺構を特徴とし、土器が見られない無土器文化が確認される（宮城ほか編，2023）。下田原土器は、八重山列島から宮古列島多良間島にかけて出土し、宮古島では見つかっていない。無土器文化期の貝斧は宮古島に多く見られ、八重山列島では石斧が多く用いられている。これらの文化は由来が不明であり、フィリピンや台湾との関係も指摘されているが、直接的な関係を示す物証はなく、憶測の域を出ない。

グスク時代　グスク時代は、①農耕社会の成立、②外来の陶磁器の流通、③金属器の普及、④支配階級（按司）の出現、⑤グスク（城）の築城、⑥奄美群島・沖縄諸島と先島諸島との文化的統一がなされる時代であり、琉球にとって歴史の大きな転換点としてとらえられている。グスク時代のはじまりはおおむね、文化の変容がセットで見られる11世紀後半頃ととらえられているが、何をもってしてはじまりとするかは議論の余地があり、以下に示す通り、いくつかの要因が重なり社会が転換していったと考えられる（宮城ほか編，2023；木下，2003）。

沖縄本島における農耕の痕跡は、アカジャンガー式からフェンサ下層式土器段階の8世紀～10世紀に遡り、沖縄島那崎原遺跡、久米島ヤジャーガマ遺跡、伊江島ナガラ原東遺跡にイネ、オオムギ、コムギ、マメ科などの穀物が検出される（甲本，2003）。また、鉄器は奄美群島・沖縄諸島において貝塚時代後期から現れている（沖縄県立博物館，1997）。グスク時代の遺跡には、穀物や鉄器の他、中国製の白磁、長崎産の滑石製石鍋、徳之島産カムィヤキといった外来の陶磁器、グスク土器、掘立柱建物の跡、木棺を用いた墓など大きな文化の変容が見てとれる。そして、その文化変容は先島諸島にまで及んだのである。ちなみに、「グスク時代」と名付けられているが、城塞としての石積みのあるグスクが出現するのは、沖縄島において13世紀後半頃からのことである。

本土日本における古代から中世への移行期には、律令制が崩壊して荘園が増大するなかで、地方の豪族や土着した貴族が土地の開発を進めていた。また、私的な交易による流通経済が発達していく。そのような時代背景のなか、琉球に新たな土地を求める集団や、ヤコウガイ・硫黄・赤木などを求める商業集団の登場があったと考えられる。喜界島城久遺跡群はその交易拠点として注目を浴びている。カムィヤキ窯が徳之島で操業したことも、琉球を市場とすることを目的としていたはずである。また、日宋貿易と北宋から南宋への移行が琉球と周辺地域との関係に変化をもたらした可能性も指摘されている。

三山時代・琉球王国時代　沖縄島において有力按司が覇権争いを繰り広げ、琉球王国として統一されるまでの14世紀〜15世紀前半を三山時代という(宮城ほか編, 2023)。沖縄島の中部を支配した浦添按司、北部を支配した今帰仁按司、南部を支配した大里按司は、それぞれ中山王、山北王、山南王を自称し、中国の明朝に朝貢した。最初の明への入貢は、1372年の中山王・察度によるもので、1402年には察度の跡を継いだ武寧が冊封された。朝貢品としては硫黄が重要な役割を果たしており、硫黄鳥島がその産地であった。明からは陶磁器や銅銭、絹織物などが下賜されたようである。また、明からの職能集団が移住し、那覇の久米村に住むようになった。

沖縄島の統一は、小領主に過ぎなかった佐敷按司・思紹とその子である尚巴志が、中山、山北、山南を攻略することによって1429年になされた。思紹・尚巴志の子孫による政権が第一尚氏王統である。第一尚氏政権は、1440年代から1460年代にかけて奄美大島と喜界島へ軍事侵攻し、攻略する。一方で、王位をめぐる争いなどもあり、沖縄島内の権力基盤は不安定で、1458年には護佐丸・阿麻和利の乱が起こっている。

そして1470年に、第一尚氏王統の重臣であった金丸がクーデターによる政権を樹立し、尚姓を名乗って国王に即位して第二尚氏王統が生まれた。第二尚氏政権は、間切・シマ制度を施行し、年貢や労働力を徴収する体制を確立していく。また、その統治は先島諸島にまで及ぶようになる。その契機のひとつとなったのが、1500年の八重山諸島のオヤケアカハチの乱である（今林, 2015)。当時の先島諸島は、宮古島では豊見親(とぅゆみゃ)と呼ばれる首長が覇権を握り、八重山列島では群雄割拠の様相であった。宮古列島と八重山列島の勢力は三山時代の中山、次いで琉球王府に朝貢を続けていたが、オヤケアカハチは琉球王府に反旗を翻したのである。琉球王府と宮古島の仲宗根豊見親らの軍は乱を鎮圧し、その余勢を駆って与那国征伐まで進めていった。その結果、仲宗根豊見親は宮古頭職の地位を琉球王府から与えられ、その次男である祭金は八重山頭職に就いた。これにより、八重山列島は事実上宮古島の支配下に置かれ、それらを琉球王府が支配する体制が出来上がった。

その後、1609年の島津氏による琉球侵攻により、奄美諸島は割譲され薩摩藩の直轄地となり、琉球王国は存続するものの、薩摩藩に従属することとなった。硫黄鳥島は硫黄貿易を存続させるため、琉球王国の領地として残された。薩摩藩は琉球王国を通して貿易を行い、莫大な利益を得るようになる。それ以降の近世・近代・現代の歴史については本章では割愛する。

● 8.3　ゲノム研究に見る琉球人集団の形成

ゲノム研究に期待すること　物質文化の変遷や伝播を扱う考古学においては、それぞれの文化の担い手が誰であったのか、集団がどのように形成されてきたのかについては、特定するのが難しい。一方、人類学では、骨形態やDNAの情報から、ヒトの移動や集団形成についての知見を得ることができる。文化と集団の地域差と変遷を解き明かすためには、考古学と人類学とで、互いに情報を補完することが必要である。とりわけ、近年のDNA解析技術の進歩によって、ミトコンドリアDNA（mtDNA）だけでなく、核ゲノム全域にわたる解析が可能となり、また、古人骨の核ゲノム解析も可能となったことで、得られる情報の解像度が飛躍的に高くなっている。上述したような琉球考古学・歴史学の知見と照らしあわせたとき、ゲノム研究によって貢献できる課題として、次のようなものが挙げられるだろう。

- 琉球の旧石器時代人はいつ、どこから来たのか？
- 貝塚時代人はどこからどのくらいの人数が来たのか？
- 旧石器時代人と貝塚時代人に遺伝的つながりはあるのか？
- 下田原文化や無土器文化の担い手はどこから来たのか？

- 琉球・本土間の貝交易の担い手は誰だったのか？
- グスク時代にどこからどのくらいの人数が来たのか？
- グスク時代の先島諸島集団はどうやって形成されたのか？
- 喜界島城久遺跡の人々はどこに由来するのか？
- 徳之島のカムィヤキ製作者は誰なのか？
- グスク時代の階級による遺伝的違いは？
- 大陸や台湾と琉球との間の遺伝的交流は検出できるか？
- 琉球王朝～現代の地域間の遺伝子流動は？
- 人頭税による間切り間での移動の制約は？
- 強制移住の記録などとの整合性は？
- 津波やマラリアなどが人口動態に及ぼした影響は？

これらの課題に対して，すでに成果が得られているものもある（図8.3）。では，これまでの人類学研究の積み重ねとともにゲノム解析の成果を解説していこう。

琉球の旧石器時代人　　港川フィッシャー遺跡で発掘された旧石器時代人骨

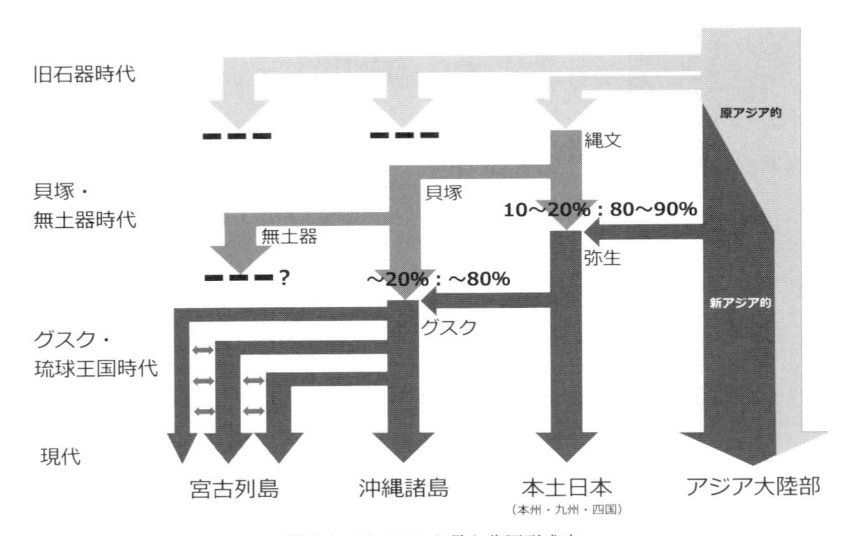

図8.3　ゲノムから見た集団形成史

は、頭蓋骨形態から、中国の柳江人やジャワ島のワジャク人、オーストラリア先住民との類似性が指摘され、縄文人との直接的な系統的関係があるとの考えに対しては疑問視されている（馬場，2020)。近年、港川1号人骨のmtDNAの解析が行われ、ハプログループM系統の根に近い配列であることがわかった（Mizuno et al., 2021)。このことから、港川人はアジアの基層的集団から派生しているが、その集団はアジア人全体の祖先集団であり、日本列島にいた縄文人だけの祖先というわけではないと考えられる。また、白保竿根田原洞穴遺跡の2個体の旧石器時代人骨についてもmtDNAの塩基配列決定が行われており、ハプログループB4とRをもつことが示されている（篠田・安達，2013)。ハプログループB4は、東ユーラシアおよびオセアニアに広く分布し、日本列島にも見られる配列である。一方、ハプログループRは南アジアを中心として東南アジアにも見られるが、日本列島には見られない配列である。このことも、琉球の旧石器時代人は、本土日本あるいは琉球の縄文人の直接の祖先ではないことを示唆している。

日本人の二重構造モデル　琉球人を含む日本列島人の起源については、長い論争の歴史がある。その詳細は本章では割愛するが、形態人類学を中心とした研究のひとつの集大成が、埴原によって提唱された二重構造モデルである（Haninara, 1991)。二重構造モデルでは、次の点を想定する：①日本列島の最初の居住者は後期旧石器時代に移動してきた東南アジア系の集団で、縄文人はその子孫であり、②弥生時代になって第二の移動の波として北アジア系の集団が押し寄せ、これら2系統の混血により日本列島の集団が形成された。現代日本人のゲノム解析からも二重構造モデルはおおむね支持されており、本土日本人集団と琉球人集団の遺伝的背景もこのモデルで説明することができる（尾本，1995；Watanabe and Ohashi, 2023)。

ところで、埴原自身も注意喚起しているが、二重構造モデルでは移動経路については言及していない（埴原，1994)。しかしながら、二重構造モデルを解釈する際、“東南アジア系”や“北アジア系”、あるいは“南方”や“北方”という言葉が独り歩きをして、移動経路に関する誤解が多々生じている。二重構造モデルを正しく理解するためには、東ユーラシア全域でのヒトの移動を理解しておく必要があろう。人類の拡散過程において、東ユーラシアでは、旧石器時代に低顔などの祖先形質をもった（原アジア的）集団が南から北に移動した。そして、北部において、高顔などの派生形質をもった（新アジア的）集団が生じた。さらに新石器時代以降には、新アジア的集団が南下して原アジア的集団と混血することで、東ユーラシア大陸部に南北の集団勾配が生まれた（Matsumura et al., 2019）。二重構造モデルにおける“東南アジア系”というのは、原アジア的集団のことであり、それから派生した縄文人は日本列島に取り残されて、新アジア的集団との混血が起こらなかったのである（Gakuhari et al., 2020）。さらに、弥生時代に“北アジア系”集団、つまり新アジア的集団である渡来人が日本列島にやってくる。原アジア的集団は旧石器時代には東南アジアに限らず大陸のかなり北まで分布していたし、新アジア的集団は新石器時代から現在にかけて北アジアに限らず南のほうまで分布している。縄文人の祖先が東南アジアから、渡来人が北アジアから、日本列島に直接来たと考える必要はないのである。

さて、二重構造モデルの文脈では、日本列島における集団の地域差は、２系統の混血割合の違いで説明される。ゲノム解析から、現代本土日本人集団は、縄文人が約 10～20%、大陸からの渡来人が約 80～90% の割合で混血して形成されたことが示されている（Kanzawa-Kiriyama et al., 2019）。推定値に幅がある一因としては、大陸のどの集団を親集団に設定するかで値が少し変わってくるからである。現代琉球人集団は、本土日本の縄文人から派生した貝塚時代人とおもにグスク時代に本土日本から来た移民との混血によって形成されたと考えることができ、グスク時代人には長頭や歯槽性突顎など中世本土日本人の特徴が見られるようになる（土肥，2010）。ゲノム解析の結果からは、現代琉球人集団は、貝塚時代人：本土日本人＝約 20%：約 80% の比（Koganebuchi et al., 2023）、本土日本人の中に縄文的遺伝成分がたとえば 15% 含まれているとすると、縄文人：渡来人＝約 32%：約 68% の比で混ざっていると算出される。現代本土日本人にせよ、現代琉球人にせよ、在来の縄文人由来の遺伝的割合は、渡来人由来と比べて低いことがわかるだろう。Dodo et al.（1998）は頭蓋骨のノンメトリック形態形質において、縄文人やアイヌ人と琉球人との共通性は見られるものの、琉球人は縄文人やアイヌ人との類似性よりも本土日本人との類似性が高いことを指摘していたが、このことはゲノム解析の結果ともよく整合している。

先史の先島諸島集団　周辺地域との文化的つながりが見られない先島諸島の下田原文化や無土器文化についても、古人骨のゲノム解析の結果から、その由来を推定することができる。白保竿根田原洞穴遺跡の下田原期および無土器期の人骨のmtDNA解析の結果は、どれもハプログループM7aをもつことが示されている（篠田・安達，2013)。ハプログループM7aは、縄文人や現代日本人に見られるが、台湾先住民やフィリピンには見られないことから、下田原文化や無土器文化がより南の地域に由来することを否定する材料となった。さらに、宮古島の長墓遺跡で出土した無土器期の人骨の核ゲノム解析は、この個体が縄文人と同様の遺伝的背景をもつことを明らかにしている（Robeets et al., 2021)。これら先島諸島の先史人骨は、日本列島における他地域の集団、おそらく沖縄諸島の貝塚時代人集団から派生したものと思われ、下田原文化や無土器文化の起源について新たな情報を提供している。

現代の先島諸島集団　現代の先島諸島集団と台湾原住民集団との間には、明確な遺伝的なギャップがある。そのことをはじめて示したのは、immunoglobulin gamma（IgG）遺伝子群のアロタイプ（Gmシステム）による研究であろう（松本，1987)。今のところゲノム全域を用いた多型解析でも、台湾原住民集団から現代先島諸島集団への遺伝子流入は検出されていない(Sato et al., 2014)。地域間の遺伝的交流を阻んだのは、黒潮なのだろうか、それとも文化的違いなのだろうか。人類学的に興味深い問題であるが、その答えを出すことは容易ではない。

沖縄諸島、宮古列島、八重山列島の集団についてのゲノム全域での多型解析では、宮古列島集団が他の2集団と比較して遺伝的に分化していることがわかる（Sato et al., 2014)。この宮古列島集団と他の琉球集団との遺伝的分化は、琉球–本土日本間の遺伝的違いとは独立した成分であることが示唆された。そして、さらに詳細な解析によって、宮古列島の中で①池間島・伊良部島、②下地地区・上野地区、③平良地区・城辺地区の3つの分集団が存在し、この順で沖縄諸島集団から分化していることが示された（Matsunami et al., 2021)。これらの分集団構造は、沖縄諸島集団からの3回の移住によって形成されたと考えることができる。はじめの移住者である池間島・伊良部島集団の祖先が沖縄諸島集団から分岐した推定年代は、無土器期の終わり〜グスク時代のはじまりくらいに遡り、小さい集団サイズを経験したことによって遺伝的浮動がはたらいたことが示唆される。現代においても、宮古諸島内および宮古島内にこのような分集団構造が見られるということは、間切を超えた婚姻が抑制されていたことを反映するのかもしれない。また、集団サイズの減少が津波などの災害と関連したのかといったことも、精査すべき課題である。下田原期や無土器期の先島諸島集団からの遺伝的寄与が現代先島諸島集団にあるかどうかについては、現在のところ、それを想定しなくてもデータを説明できるという結果が得られている。ただ否定もできないため、今後の研究の進展を待ちたい。

8.4 今後の展望

考古学とゲノム人類学の融合　本章では、琉球の先史をその周辺地域との交流を中心に総説した。筆者の理解が足りないところもあると思われるが、ご寛容いただきたい。本章で概観したように、考古学研究における精緻な議論と比べて、ゲノム人類学研究の大雑把さは否めない。それでもなお、ゲノム人類学研究の貢献が期待されることは多く、今後の研究の進展が望まれる。また、古代ゲノム解析の貢献は、ヒトの移動や集団形成史を解き明かすことに留まらず、個体間の親族関係推定、歯石・糞石などからの食物利用推定、環境復元、病原体の検出など多岐にわたっている。今後、さまざまな分野の研究者が共同研究体制を構築することで、さらなる挑戦的研究が創造されていくはずである。

現代人および古代人ゲノムデータの充実　琉球におけるヒトの移動や集団形成史を解き明かすためには、現代人および古代人ゲノムデータのさらなる充実が不可欠である。現代人に関しては、奄美群島のデータや八重山列島のデータの詳細な解析が進んでいる。また、琉球の古代人ゲノムデータも蓄積されており、解析が進むことで、今後ますますの研究の進展が期待される。

文　献

馬場悠男（2020）幻の明石原人から実在の港川人まで．『学術の動向』**25**（2）：34-37.

Dodo Y., Doi N., and Kondo O.（1998）Ainu and Ryukyuan cranial nonmetric variation：evidence which disputes the Ainu-Ryukyu common origin theory. *Anthropological Science* **106**（2）：99-120.

土肥直美（2010）出土人骨が語る沖縄の歴史．財団法人沖縄県文化振興会公文書管理部史料編集室『沖縄県史　各論編 3　古琉球』沖縄県教育委員会，50-65.

藤尾慎一郎（2009）較正年代を用いた弥生集落論．『国立歴史民俗博物館研究報告』**149**：135-161.

古川雅英，藤谷卓陽（2014）琉球弧に関する更新世古地理図の比較検討．『琉球大学理学部紀要』**98**：1-8.

Gakuhari T. et al.（2020）Ancient Jomon genome sequence analysis sheds light on migration patterns of early East Asian populations. *Communications Biology* **3**：437.

Haninara K.（1991）Dual structure model for the population history of Japanese. *Japan Review* **2**：1-33.

埴原和郎（1994）二重構造モデル：日本人集団の形成にかかわる一仮説．*Anthropological Science* **102**（5）：455-477.

今林直樹（2015）先島諸島の地理・民俗・歴史——宮古諸島と八重山諸島．『宮城学院女子大学研究論文集』**120**：59-82.

海部陽介（2018）黒潮と対峙した 3 万年前の人類——航海プロジェクトから．『科学』**88**（6）：0604-0610.

海部陽介（2020）アジア人類史の舞台として沖縄に注目すべき五つの理由．『学術の動向』**25**（2）：58-62

柿沼亮介（2023）「日本」の境界としての南西諸島の歴史的展開．『早稲田教育評論』**37**（1）：1-21.

菅　浩伸（2004）東アジアにおける最終氷期最盛期から完新世初期の海洋古環境．*Okayama University Earth Science Report* **11**（1）：23-31.

Kanzawa-Kiriyama H. et al.（2019）Late Jomon male and female genome sequences from the Funadomari site in Hokkaido, Japan. *Anthropological Science* **127**（2）：83-108.

木下尚子（2003）貝交易と国家形成—— 9 世紀から 13 世紀を対象に．木下尚子編『先史琉球の生業と交易——奄美・沖縄の発掘調査から』六一書房，117-144.

木下尚子（2021）貝殻集積からみた先史時代の貝交易（2）2019 年の炭素 14 年代測定結果をもとに．『国立歴史民俗博物館研究報告』**229**：15-44.

Koganebuchi K. et al.（2023）Demographic history of Ryukyu islanders at the southern part of the Japanese Archipelago inferred from whole-genome resequencing data. *Journal of Human Genetics* **68**：759-767.

国土地理院（2022）『地名集日本 2021』国土交通省国土地理院.

甲本眞之（2003）琉球列島の農耕のはじまり．木下尚子編『先史琉球の生業と交易——奄美・沖縄の発掘調査から』六一書房，25-34.

松本秀雄（1987）免疫グロブリンの遺伝標識 Gm 遺伝子に基づいた蒙古系民族の特徴——日本民族の起源について．『人類学雑誌』**95**（3）：291-304.

Matsumura H. et al.（2019）Craniometrics reveal "two layers" of prehistoric human dispersal in Eastern Eurasia. *Scientific Reports* **9**：1541.

Matsunami M. et al.（2021）Fine-scale genetic structure and demographic history in the Miyako Islands of the Ryukyu Archipelago. *Molecular Biology and Evolution* **38**（5）：2045-2056.

宮城弘樹（2021）貝殻集積の炭素 14 年代測定から見た貝塚時代後期土器編年．『国立歴史民俗博物館研究報告』**229**：45-85.
宮城弘樹，秋山道弘，野添文彬，深澤秋人編（2023）『大学で学ぶ　沖縄の歴史』吉川弘文館.
Mizuno F. et al.（2021）Population dynamics in the Japanese Archipelago since the Pleistocene revealed by the complete mitochondrial genome sequences. *Scientific Reports* **11**：12018.
日本旧石器学会編（2010）『日本列島の旧石器時代遺跡――日本旧石器（先土器・岩宿）時代遺跡のデータベース』日本旧石器学会.
小田静夫（2007）琉球弧の考古学――南西諸島におけるヒト・モノの交流史．青柳洋治先生退職記念論文集編集員会編『地域の多様性と考古学――東南アジアとその周辺』雄閣山，37-61.
沖縄県立博物館編（1997）『考古資料より見た沖縄の鉄器文化』六一書房.
尾本恵市（1995）日本人の起源：分子人類学の立場から．*Anthropological Science* **103**（5）：415-427.
Robeets M. et al.（2021）Triangulation supports agricultural spread of the Transeurasian languages. *Nature* **599**：616-621.
Sato T. et al.（2014）Genome-wide SNP analysis reveals population structure and demographic history of the Ryukyu Islanders in the southern part of the Japanese Archipelago. *Molecular Biology and Evolution* **31**（11）：2929-2940.
篠田謙一，安達　登（2013）白保竿根田原洞穴遺跡出土人骨のDNA分析．『沖縄県埋蔵文化財センター調査報告書　第65集　白保竿根田原洞穴遺跡』，219-228.
高宮廣衛（1991）『南島文化叢書12　先史古代の沖縄』第一書房.
Watanabe Y. and Ohashi J.（2023）Modern Japanese ancestry-derived variants reveal the formation process of the current Japanese regional gradations. *iScience* **26**（26）：106130.
山崎真治（2018）沖縄本島サキタリ洞遺跡の調査．『学術の動向』**25**（2）：42-47.
横山祐典，藤田祐樹，太田英利（2018）見直される琉球列島の陸橋化．『科学』**88**（6）：0616-0624.

宮古諸島人のゲノム解析

松波雅俊

琉球列島のなかでも宮古諸島に居住する人々の由来は、その遺伝的・文化的特徴から注目されてきた。1,000人を超えるゲノム解析から、宮古諸島出身者は地域ごとに3つの集団に分類され、グスク時代と琉球王朝時代の2回の移住が、現在の集団遺伝構造の成立に重要であったことが推定された。このような狭い地域での遺伝的分化は世界的にも珍しく、琉球列島人の集団史・文化史研究に新たな知見をもたらす成果である。

● 9.1　宮古諸島の地理と歴史

9.1.1　宮古諸島の地理

琉球列島は日本の南端に位置し、奄美諸島、沖縄諸島、宮古諸島、八重山諸島などからなる。このうち、宮古諸島は、沖縄諸島と八重山諸島の間に位置し、おもに8つの島々（池間島、伊良部島、来間島、水納島、宮古島、大神島、下地島、多良間島）からなる（図9.1)。この海に囲まれた総面積204 km^{2}の地域には、宮古島の平良地区を中心に2012年の統計で約5万5,000人が居住している（宮古島市教育委員会, 2012)。古くは島嶼間の移動は船舶のみであったが、1990年代から橋が開通し、宮古島と池間島・伊良部島・来間島間は往来が容易になっている。

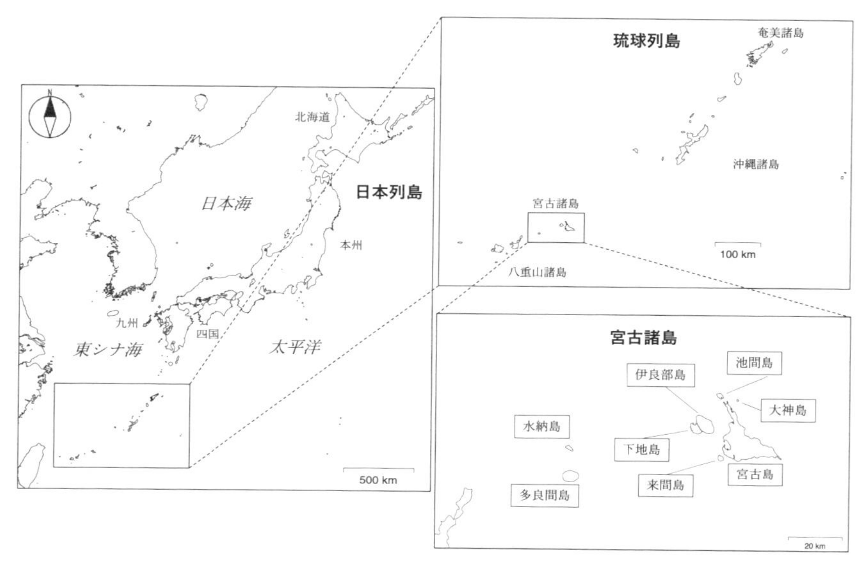

図 9.1　日本列島、琉球列島および宮古諸島の地図

9.1.2　宮古諸島の歴史

宮古諸島が含まれる先島諸島は南琉球と呼ばれ、先史時代までは慶良間ギャップが障壁となり沖縄本島とは異なる文化圏を形成していたと考えられている。宮古諸島では、古くはピンザアブ洞人と呼ばれる約2万6,000年前の旧石器時代の人骨が発掘されており、この頃から現生人類は存在していたようである（佐倉，1985）。その後、先島諸島では考古学的には縄文文化の影響を受けないと推定されている無土器時代（約2,500〜900年前）を経て、農耕の開始と外部からの人の移住により人口の爆発的増加があったグスク時代（約900〜500年前）に沖縄本島と文化圏が統一される。グスク時代には階級社会が形成され、その後期には多数の小規模な地方集団が各地域を統治していた。宮古諸島でも、14世紀頃から豊見親（とぅゆみゃ）と呼ばれる豪族が琉球王朝の前身である中山王国に朝貢していた。1609年以降は、薩摩藩に征服された琉球王朝のために苛烈な二重支配に苦しむことになる。特に先島諸島では人頭税の導入により住民の移住が制限されることとなった。その後、1879年の琉球処分により琉球王国は沖縄県となり、宮古諸島もこれに組み込まれた。このような歴史を経た

宮古諸島は、パーントゥに代表される独自の祭事をもち、言語学的にも非常に多様であり、その成立過程に注目する研究者は多い（Pellard, 2015)。

9.2　宮古諸島の遺伝背景

9.2.1　宮古諸島の現代人のゲノム解析

約32億塩基対からなるヒトゲノムに含まれる一塩基多型（SNP）を調べることで、地域ごとの人類集団の違いや共通性を知ることができる。これまでのゲノムワイドなSNPを用いた解析から日本人は比較的均一な遺伝背景をもつが、本土日本と琉球列島の現代人ゲノムの間にはわずかながら明確な違いがあることが明らかになっている（Yamaguchi-Kabata et al., 2008)。特にアルコール耐性に関与するアルコール代謝酵素や免疫に関わるMHC領域の遺伝型頻度は、本土・琉球間での違いが顕著であり、両人類集団のゲノムには異なる自然選択のはたらいたことが示唆されている（Koganebuchi et al., 2017；Liu et al., 2023)。

琉球列島のなかでも先島諸島と沖縄諸島間にも遺伝的な地域差が存在することが、ヒトゲノム解析から報告されている。2014年に琉球大学を中心とした研究グループは、琉球列島の沖縄諸島、宮古諸島、八重山諸島出身者のSNPを解析し、近隣出身者の集団と比較した（Sato et al., 2014)。その結果、沖縄・宮古・八重山集団は、互いに祖先を共有する集団であり、隣接する台湾先住民との間には直接の遺伝的つながりはないこと、現代人につながる宮古諸島への人の移住は古くても1万年前以降に起こったと推定された。したがって、約2万6,000年前の古代人骨であるピンザアブ洞人は、現在の宮古諸島の人々の直接の祖先ではないと推測されている。また、現代の宮古諸島人の全ゲノム配列を用いた詳細な解析では、琉球列島の祖先集団として琉球縄文集団が仮定できることが明らかになっている（Koganebuchi et al., 2023)。

9.2.2　宮古諸島の古代人のゲノム解析

分子生物学実験とゲノム解読技術の進展により、古人骨からDNAを抽出し、解読することも可能となっている。宮古島の長墓遺跡から出土した古人骨については、2023年現在のところ、琉球列島で唯一の核ゲノムDNAの抽出と解読が実施されている（Robbeets et al., 2021）。この研究によると約4,000年前から無土器時代までの宮古島の古代集団の遺伝背景は、ほぼ本土の縄文集団と共通しており、宮古島の先史時代の人々は北側から沖縄本島を経由してたどり着いたことが示唆されている。一方で、琉球王朝時代の古代集団の遺伝背景は、ほぼ現代の琉球列島人と共通している。しかし、本研究では古代集団と宮古諸島の現代人との比較はされておらず、このような過去の人類集団と宮古諸島内に現在居住する人々の関係については不明であった。

9.3　宮古諸島の人々の由来

我々の研究チームは、沖縄県民の健康・長寿増進を目指した地域のバイオバンクとして沖縄バイオインフォメーションバンクの構築を進めている。バイオバンクとは、ヒト生体試料（組織、細胞、血液、ゲノムDNAなど）を医療情報とともに保存し提供する機関のことである。今回は、このプロジェクトの一環として、2016～2017年にかけて宮古島で収集した1,240名についてゲノムDNAを解読し、60万個を超えるSNPを解析した（Matsunami et al., 2021）。

9.3.1　諸島内の集団遺伝構造

得られたSNP情報を用いて、個人間の遺伝学的な違いを推定する主成分分析を行い、どのような集団が見られるかを調べた。先行研究と同様に沖縄本島と宮古諸島は遺伝学的に独立の集団を形成することが確認され、さらに宮古諸島内においても地域によって違いがあると推察された（図9.2）。このような大きな遺伝的多様性の理由は明らかではないが、宮古諸島で1611年から15～50歳の成人に対して導入され、1903年まで施行されていた人頭税とそれに付随する移住の制限が諸島内での遺伝的分化を促進したことが、可能性のひとつとして考えられた。世界的に見ても、宮古諸島程度の比較的狭い地域の中で複数の遺伝背景の異なる集団が存在することは例がなく、研究チームにとって大きな驚きであった。

宮古諸島内での多様性についてさらに詳しく調べるために、次にハプロタイ

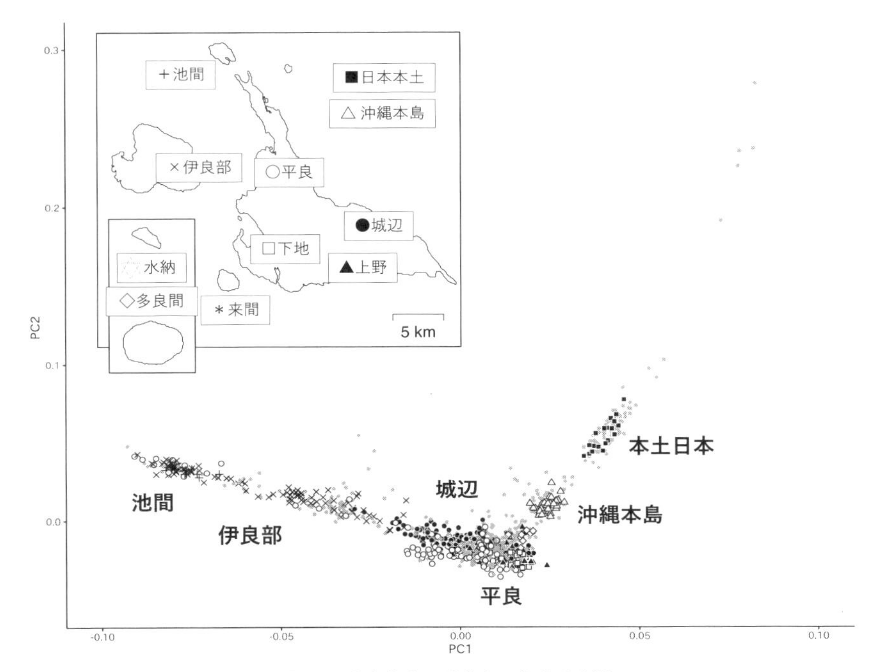

図 9.2　宮古諸島の現代人の主成分分析

ひとつひとつの点が個人を表しており、点と点との距離は遺伝学的な違いを反映している。近い点ほど遺伝学的には近縁である。

プの情報を用いた解析を実施した。ハプロタイプとは、同一染色体上に連鎖している複数SNPのつながりのことであり、これを考慮することで近縁な遺伝集団のより詳細な関係性を知ることができる。fineSTRUCTUREプログラム（Lawson et al., 2012）によるハプロタイプ解析の結果、宮古諸島出身者は、宮古島北東部（平良、城辺）・宮古島南西部（下地、上野）・池間／伊良部島の3つの集団に分かれることがわかった（図9.3）。しかし、例外として池間／伊良部島集団と同じ特徴をもつ集団が宮古島平良の西原地区にも分布していることが観察された。宮古島では過去に村立てと呼ばれる移住による新たな集落の設立が頻繁に行われていたことが知られている（宮古島市教育委員会, 2012）。史実によると西原地区は1873年に池間島からの移住による村立てによって作られた地区であり（宮古島市教育委員会, 2012）、本研究より得られた情報は、

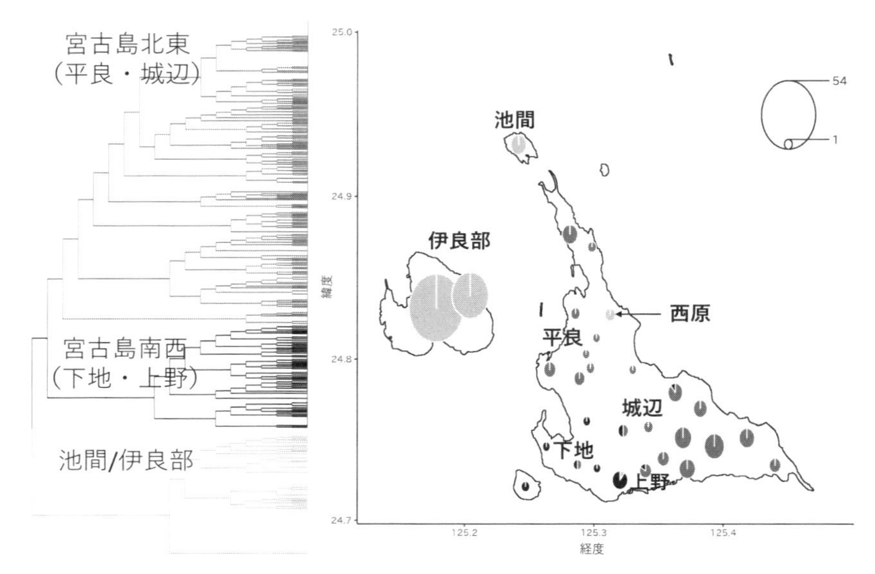

図 9.3 ハプロタイプ情報に基づく解析結果

左図は、個人個人が縦に並べられており、赤色、緑色、青色の3集団に分かれている。右図では、各々の出生地情報をもとにそれぞれの地区の出身者がどの集団に属しているかを調べて、その数を楕円の大きさで表している。この結果から赤色の集団は宮古島北東、緑色の集団は宮古島南西、青色の集団は池間／伊良部出身者であることがわかる。例外として西原に青色の集団が存在している（口絵6参照）。

過去の諸島内の人の移動を反映していることがわかった。

池間島の住人および出身者は、移住によって作られた伊良部島佐良浜地区、宮古島西原地区の人々を含めて自らを「池間民族」と称することがある（笠原, 2008）。これらの地区は「ミャークヅツ」と呼ばれる独自の祭事をもち、言語的にも類似している（Takubo, 2017）。今回の遺伝解析の結果は、先行する文化人類学・言語学研究とも矛盾しないものだといえる。一方で、「パーントゥ」と呼ばれる独自の祭事を行う宮古島北部地域は、他の地域と比較して大きな違いは観察されなかった。

9.3.2 諸島内の人口動態

現在の宮古諸島出身者のゲノム情報をもとに過去の人口動態を推察することも可能である。ハプロタイプ構造を元に過去の人口動態を推定する IBDNe プログラム（Browning and Browning, 2015）を用いて宮古諸島内の3つの集団の人口動態について解析したところ、宮古島の集団は人口がほぼ単調に増加している一方で、池間／伊良部島の集団は、約10〜15世代前（250〜300年前）に人口の大きな減少を経験していることが推定された（図9.4）。このような急激な人口減少の理由の可能性のひとつとして、1771年に起こった明和の大地震とそれに伴う大津波が挙げられる。明和の大地震は1771年に八重山列島沖で起こったマグニチュード7.4〜8.7の大地震である。地震後には、大津波が先島諸島に押し寄せ、宮古諸島では、これらの災害で2,548名が死亡したという記録が残っている（牧野, 1968；後藤, 2020）。また、この大津波の後には、頻繁に強制移住が行われていたことも文献に記載されており、これらの出来事がこの急激な人口減少の原因のひとつかもしれない。

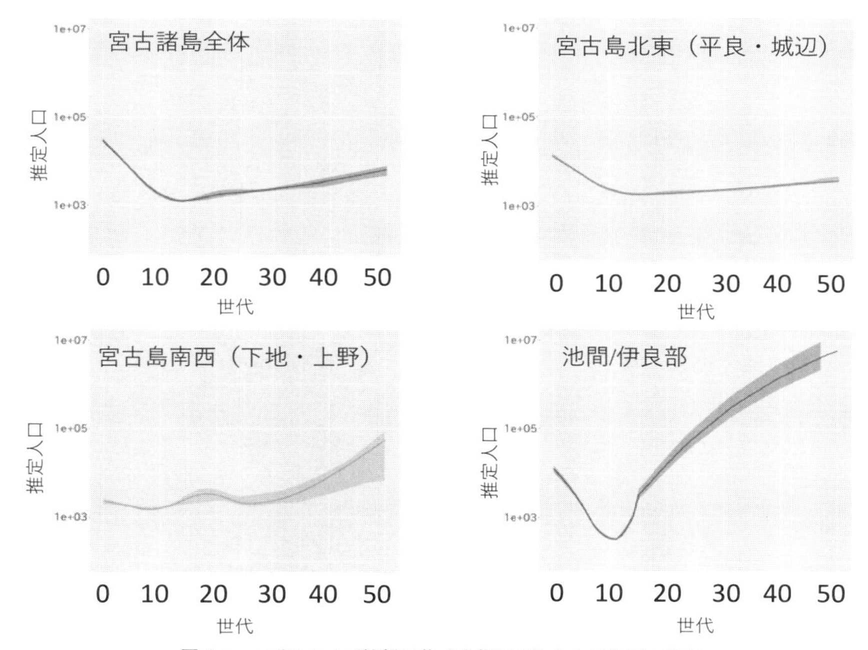

図 9.4　ハプロタイプ情報に基づく集団ごとの人口動態の推定
縦軸が推定人口を表し、横軸が現在から遡った世代を表している。1世代を25〜30年と仮定すると池間／伊良部集団では250〜300年前に大きな人口の減少が起こっている。

9.3.3 諸島外の集団との遺伝的交流の推定

宮古諸島内のこのような多様性には、諸島外の人々との交流も関係しているのか？ この疑問を解決するために、SNP情報からパターソンのD統計量を計算し、遺伝情報の流れ（gene flow）を推定した。この統計量は4集団間のゲノム情報を比較して、集団間の関係性を調べる手法であり、注目する集団間のgene flowの多寡を検出することができる（Patterson et al., 2012）。縄文、沖縄本島、本土日本、中国の各集団と宮古諸島の集団を比較したところ、宮古島の集団は池間／伊良部島の集団に比べて沖縄本島などの外部からの遺伝的交流の影響が大きいことがわかった（図9.5）。一方、池間／伊良部島の集団については外部からの遺伝的交流の影響は宮古島の集団に比べて小さかった。

9.3.4 宮古諸島人の集団史の推定

これらの結果を総合して、仮定した進化モデルについてfastsimcoal2プログ

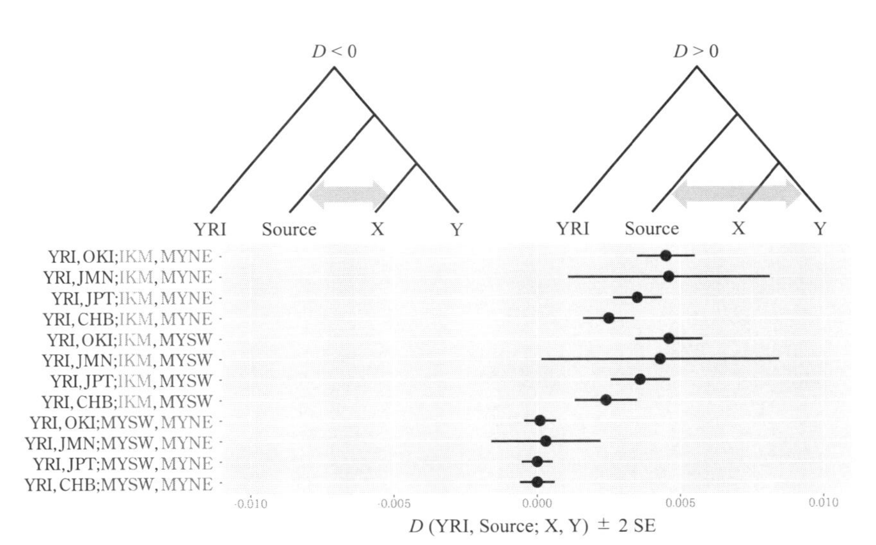

図9.5 相対的な遺伝情報の流れの推定

集団Xと集団Yとsource集団との関係を調べる。D統計量が負の場合は起源集団から集団Xへ、正の場合は集団Yへの遺伝情報の流れがあると判断できる。略語は、YRI：ヨルバ（アフリカ）、OKI：沖縄本島、JMN：縄文、JPT：東京（日本）、CHB：北京（中国）、IKM：池間／伊良部島、MYNE：宮古島北東部、MYSW：宮古島南西部。

ラム（Excoffier et al., 2013）による合祖シミュレーション解析を実施し、過去の集団サイズの変遷や各集団の分岐年代、集団間の移住率を推定した。ここまでの解析の結果から、沖縄本島・宮古島北東部・宮古島南西部・池間／伊良部島の 4 つの集団を仮定し、祖先琉球集団からそれぞれの集団が分化する進化モデルをシミュレーションの初期設定とした（図 9.6）。詳細を期すために沖縄本島・池間／伊良部島の集団については集団が分化した後の人口変化も考慮した。解析の結果、池間／伊良部集団と宮古島南西部集団がそれぞれ約 57〜38 世代前（約 1,710〜950 年前）と約 27〜10 世代前（約 810〜250 年前）に祖先琉球集団から分岐し、宮古島北東部集団と沖縄島の集団は、約 18〜2 世代前（約 540〜60 年前）に分化したと推定された。したがって、宮古諸島への移住には少なくともふたつの大きな波があり、池間／伊良部集団は、おそらくグスク時代の外部からの移住に由来し、宮古島集団は外部からの遺伝的影響が大きく、琉球王朝時代前後に沖縄島集団と分化したと考えられる。この結果は、1630 年代に宮古諸島への移住が薩摩藩によって制限されたという歴史的記録と矛盾しない。

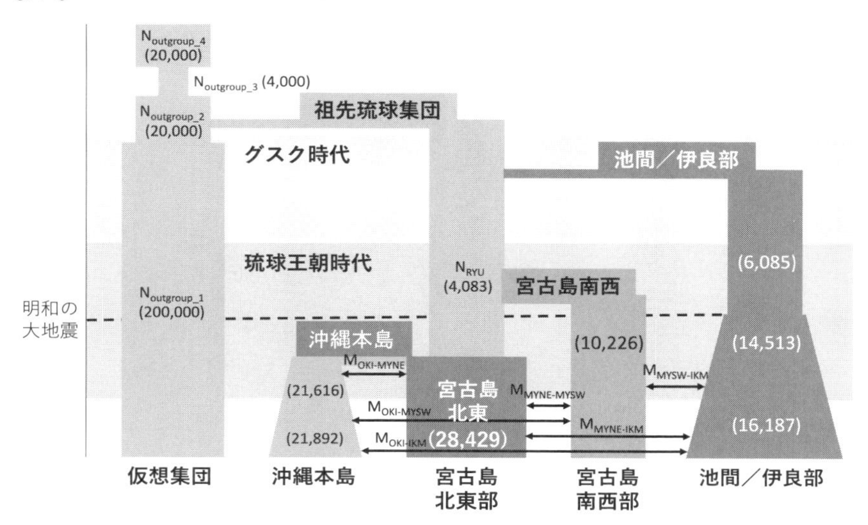

図 9.6　シミュレーション結果

カッコ内は推定された集団サイズを表す。祖先琉球集団から、池間／伊良部集団、宮古島南西部集団の分岐はそれぞれ約 38〜57、約 10〜27 世代前と推定され、宮古島北東部集団と沖縄本島の集団は、約 2〜18 世代前に分化したと推定された。

● 9.4 残された謎と応用的側面

本研究で、現代の宮古諸島人のゲノム情報に刻まれた過去の歴史が明らかになった。得られた成果は、琉球列島人の由来や過去の歴史を考える上で重要であり、遺伝学のみならず、琉球列島における言語学・考古学研究にも大きな波及効果をもたらすと期待される。しかし、グスク時代前後の古代人と現在の琉球列島の人々がどのような関係にあるかなど未解決な点もあり、さらに解析の精度を上げるには、現代だけではなく古代も含めた全ゲノム配列の情報を充実させる必要がある。

一方、ゲノム情報は個人の体質にあわせた個別化医療に役立つことがわかっている。欧米人や本土日本人ではすでに大量のゲノム情報が蓄積されているが、遺伝背景が異なる集団では独自の情報がないと活用は難しい。したがって本土日本人とは異なる遺伝背景をもつ沖縄県民の個別化医療の実現のためには、沖縄県出身者のゲノム情報の蓄積と解析が不可欠である。さらに沖縄県出身者のような比較的小さい独特の特徴をもつ集団では他の集団では知ることのできない疾患の原因となるゲノム情報が得られる可能性がある。今後、さらにゲノム情報と臨床情報を蓄積し解析することで、琉球列島人のゲノムに潜んでいる疾患に関連するゲノム領域が同定され、沖縄県出身者のみならず、世界中の人々にとって役立つ成果となることが期待される。

謝　辞

研究にあたりDNAサンプルを提供してくださった沖縄県民の皆様、また共同研究者である琉球大学の小金渕佳江、今村美菜子、石田肇、木村亮介、前田士郎（敬称略）にこの場を借りてお礼申し上げる。

文　献

Browning S. R. and Browning B. L. (2015) Accurate non-parametric estimation of recent effective population size from segments of identity by descent. *American Journal of Human Genetics* **97** (3) : 404–418.

Excoffier L. et al.（2013）Robust demographic inference from genomic and SNP data. *PLOS Genetics* **9**（10）：e1003905.

後藤和久，島袋綾野編（2020）『最新科学が明かす　明和大津波』南山舎.

佐倉　朔（1985）ピンザアブ出土人骨化石，沖縄県教育委員会編『ピンザアブ』沖縄県教育委員会，161-176.

笠原政治（2008）『〈池間民族〉考：ある沖縄の島びとたちが描く文化の自画像をめぐって』風響社.

Koganebuchi K. et al.（2017）The allele frequency of ALDH2*Glu504Lys and ADH1B*Arg47His for the Ryukyu Islanders and their history of expansion among East Asians. *American Journal of Human Biology* **29**（2）：e22933.

Koganebuchi K. et al.（2023）Demographic history of Ryukyu Islanders at the southern part of the Japanese Archipelago inferred from whole-genome resequencing data. *Journal of Human Genetics* **68**：759-767.

Liu X. et al.（2023）Natural selection signatures in the Hondo and Ryukyu Japanese subpopulations. *Molecular Biology and Evolution* **40**（10）：msad231.

Lawson D. J. et al.（2012）Inference of population structure using dense haplotype data. *PLOS Genetics* **8**（1）：e1002453.

牧野　清（1968）『八重山の明和大津波』自費出版.

Matsunami M. et al.（2021）Fine-scale genetic structure and demographic history in the Miyako Islands of the Ryukyu Archipelago. *Molecular Biology and Evolution* **38**（5）：2045-2056.

宮古島市教育委員会（2012）『宮古島市史 第一巻 通史編 みやこの歴史』宮古島市教育委員会.

Patterson N. et al.（2012）Ancient admixture in human history. *Genetics* **192**（3）：1065-1093.

Pellard T.（2015）The linguistic archeology of the Ryukyu Islands. In：Heinrich P., Miyara S., and Shimoji M.（eds.）*Handbook of the Ryukyuan languages*：*history, structure, and use*. De Gruyter Mouton. pp. 13-37.

Robbeets M. et al.（2021）Triangulation supports agricultural spread of the Transeurasian languages. *Nature* **599**：616-621.

Sato T. et al.（2014）Genome-wide SNP analysis reveals population structure and demographic history of the Ryukyu Islanders in the southern part of the Japanese Archipelago. *Molecular Biology and Evolution* **31**（11）：2929-2940.

Takubo Y.（2017）The digital museum project for the documentation of endangered languages：the case of Ikema Ryukyuan. In：Vovin A., McClure W.（ed.）*Studies in Japanese and Korean historical and theoretical linguistics and beyond*. Brill, pp. 3-12.

Yamaguchi-Kabata Y. et al.（2008）Japanese population structure, based on SNP genotypes from 7003 individuals compared to other ethnic groups：effects on population-based association studies. *American Journal of Human Genetics* **83**（4）：445-456.

ヤポネシア人の寒冷適応能

中山一大

元来、暑熱環境に適した動物であるヒトが世界中に拡散できた理由のひとつに、寒冷適応的な形質を獲得したことが挙げられる。近年、ヤポネシア人の間には寒冷適応的な形質に大きな多様性が存在することが明らかになり、その遺伝的背景を解明する取り組みが続けられている。本章では、寒冷適応形質のひとつである褐色脂肪組織による熱産生に特に着目して、ヤポネシア人の寒冷適応能多様性に関する最近の研究成果を紹介する。

● 10.1　はじめに

日本列島は南北に長く伸び、亜寒帯から亜熱帯までのさまざまな気候環境が存在している。さらに、ヤポネシア人がさまざまな年代・経路で日本列島に移住してきた複数の集団を祖先にもつことを考えると、現代のヤポネシア人の間には、異なる気候環境への適応能力に個人差があることが想像できる。ヒトは全身に分布する汗腺や薄い体毛など、暑熱環境に適応的な特徴を多く備えた動物である。一方で、ユーラシアの高緯度地域への進出が本格化したのが最終氷期以降の出来事なので、ユーラシアのヒト集団によっては、寒冷環境に対して遺伝的な適応を経験した可能性がある。さらに、身体がもつ寒冷適応能の多様性が、現代生活においては肥満などの生活習慣病の感受性に影響を与えることも明らかになりつつある。したがって、寒冷適応能力の個人差を規定する遺伝子を知ることは、ヤポネシア人の拡散の歴史への理解を深めるだけでなく、現代人の健康問題についての知見を得るためにも有用である。本章では、特にヒトの寒冷適応反応の重要な構成要素である褐色脂肪組織による熱産生能に注目し、現代のヤポネシア人に観察される多様性の原因と考えられている遺伝子を紹介する。

10.2 ヒトの寒冷適応能と褐色脂肪組織

ヒトの身体は、低温へ曝露された際、生命維持に欠かすことのできない器官のはたらきを保護するために、深部体温を一定に保とうとする。この反応には、おもに末梢部の血管が収縮することによって体表面からの熱の放散を防ぐ断熱と、身体内で新たに熱を作り出して低下した体温を補償しようとする産熱のふたつの仕組みがある。さらに、産熱には骨格筋の仕事を熱に変換する震え熱産生と、震えを伴わない非震え熱産生のふたつの様式がある。前者に関していえば、多くの読者が寒さで身体が不随意に震えた経験をお持ちであろう。骨格筋は大きな器官なので、作られる熱量は大きいが、熱が体表に近い位置で作られるために体外へ散逸しやすいという欠点がある。一方、非震え熱産生では、褐色脂肪組織や肝臓などの身体の深部に存在する組織・器官で熱が作られる。さらに、熱産生を担う組織・器官によっては、脂質などのエネルギー基質が直接熱に変換されるので、震え熱産生よりもエネルギー効率よく深部体温の維持に貢献できると考えられている。ヒト個体としての寒冷適応反応は、断熱と産熱の相互作用として生ずるが、断熱と産熱のどちらが重要になるのかは、集団によって異なっていることが古くから知られている。たとえば、北極圏の狩猟民であるイヌイットは、睡眠時でも安静時代謝が活発であり、非震え熱産生を亢進することによって深部体温を維持する。一方、オーストラリア大陸の先住民は優れた断熱反応を示し、睡眠時には産熱を亢進することなく深部体温を維持できることが知られている。他にも、北ヨーロッパの遊牧民であるサーミでは、冬眠型ともいうべき断熱も産熱も亢進しない第三の寒冷適応様式が存在することが知られている。このように寒冷適応様式に集団差が生じた理由は明らかになっていないが、栄養状態の相違や遺伝的背景の差が関与していると考えられている（前田，2020）。

非震え熱産生を担う代表的な器官・組織のひとつが褐色脂肪組織である。褐色脂肪組織には、ミトコンドリアを多く含む特殊な脂肪細胞である褐色脂肪細胞が存在する。白色脂肪細胞として知られる一般的な脂肪細胞とは異なり、褐色脂肪細胞はミトコンドリア内の電気化学勾配を熱に変換するはたらきをもつため、身体に蓄えた脂質などのエネルギー基質を、アデノシン三リン酸合成ではなく、熱産生に差し向けることができる。褐色脂肪細胞の細胞膜表面にはβアドレナリン受容体が発現しており、これが、寒冷刺激などにより交感神経末端から放出されたアドレナリンを受容し、褐色脂肪細胞の熱産生を促進させる。褐色脂肪細胞のミトコンドリア内膜には、脱共役タンパク質 1（uncoupling protein 1；UCP1）という特殊なタンパク質が発現しており、この UCP1 が、他の細胞種ではアデノシン三リン酸の合成に利用される内膜を挟んだプロトン勾配を脱共役し、熱を生成するのである（米代ほか，2015）（図 10.1）。

褐色脂肪組織は、ネズミ目やコウモリ目などの小型の哺乳動物に広く存在し、体温の維持に重要な役割を果たしている。一方、ヒトでは新生児の肩甲骨周辺の皮下などによく発達することが古くから知られていたが、これは成長に伴って消退し、成人の体温維持には寄与していないとみなされていた。しかし、癌検診などに利用される陽電子放出断層撮影 / コンピューター断層撮影法（以降、PET/CT と略する）を応用することによって、成人にも褐色脂肪組織[1]が存在し、適切な寒冷刺激があれば熱を産生することが証明された（Saito et al., 2009）。これにより、褐色脂肪組織による非震え熱産生が、ヒトの生涯を通じて寒冷環境への適応反応に寄与している可能性が浮上した。なお、新生児と異

1）PET/CT を用いた褐色脂肪組織検出実験では、癌組織の検出実験同様にフッ素 18 で標識した非代謝性のグルコースをトレーサーとして用いる。褐色脂肪細胞ではミトコンドリアの電子伝達系が熱産生に利用されるために、アデノシン三リン酸合成量が低下する。褐色脂肪細胞はこれを補うためにグルコースの取り込みも活発化させるので、癌組織同様に検出が可能となるのである。また、成人に認められる褐色脂肪組織には、新生児に見られる古典的な褐色脂肪細胞とは発生起源が異なるベージュ脂肪細胞が多く存在していることが明らかになっている。褐色脂肪細胞が筋細胞と同じ系統に由来するのに対して、ベージュ脂肪細胞はエネルギー貯蔵細胞である白色脂肪細胞から再分化したものである。本章では、褐色脂肪細胞あるいはベージュ脂肪細胞を多く含む脂肪組織を褐色脂肪組織と呼ぶ。

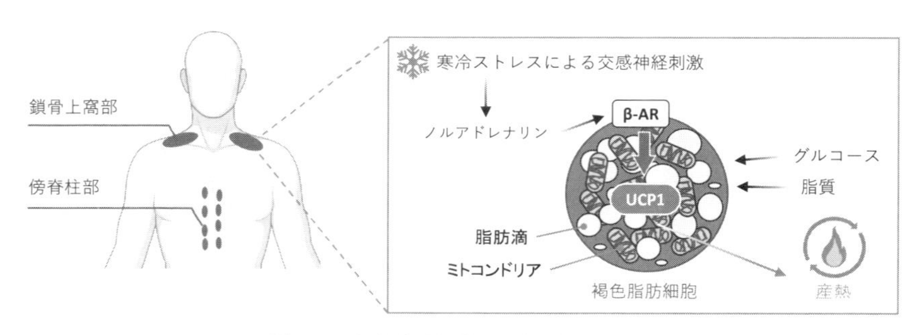

図 10.1 褐色脂肪組織の局在部位と熱産生
図案は石田悠華（東京大学大学院新領域創成科学研究科博士後期課程）より提供。

なり、成人では褐色脂肪組織が鎖骨上窩部、頸部、腋窩部、脊柱周辺部、副腎周辺部などに多く存在している。

日本はPET/CTを用いた褐色脂肪組織検出研究の世界的な中心地のひとつであり、現代のヤポネシア人には、褐色脂肪組織の熱産生能に大きな多様性があることが明らかになっている。成人の褐色脂肪組織の熱産生能は加齢によって著しく低下し、さらに、同一人物であっても夏季に比べて冬季で高い傾向がある。さらに、年齢や季節とは別に、個人間で大きなばらつきがあることも認められている。米代らの報告によると、ヤポネシア人では、比較的加齢の影響が小さい若年成人であっても、活発に熱産生する褐色脂肪組織を保有している者の割合が5割程度である。この発見は、9割以上の被験者で活発な褐色脂肪組織が検出されたヨーロッパからの報告とは対照的であり、個人差に加えて集団差も存在することを示唆している（Yoneshiro et al., 2011；Bakker et al., 2014）。また、PET/CTで熱産生活性のある褐色脂肪組織を直接検出する以外にも、褐色脂肪組織の主要な局在箇所である鎖骨上窩部などの体表面温度を赤外線サーモグラフィーで測定する手法も広く利用されている（Nirengi et al., 2015）。さらに、活性の高い褐色脂肪組織の周辺に毛細血管がよく発達する性質を利用して、脳血流の測定に用いられる近赤外線時間分解分光法も応用されている（Hamaoka et al., 2020）。熱産生に伴って変化するさまざまな特徴を計測することで、間接的に褐色脂肪組織の熱産生能を評価できる。たとえば、褐色脂肪組織による熱産生では脂質が利用されるので、呼気ガス分析によって酸素消費量の増大や呼吸商の変化としてこれを評価することも可能である。また、体表面温度や、鼓膜や直腸内などの深部の体温の変化を測定することでも、身体内で熱産生が起きているかどうかを知ることができる。実際に、PET/CTで測定した褐色脂肪組織の熱産生能が高い者と低い者とでは、冬季に寒冷曝露された際に酸素消費量が増大する、鎖骨上窩部の表面温度が高い水準で維持される、深部体温の低下が緩やかとなることが報告されている（Yoneshiro et al., 2016）。

10.3 ヤポネシア人の熱産生能多様性に寄与する遺伝子

ヤポネシア人の熱産生能に個人差があることは先に述べた通りだが、この個人差に遺伝素因が関与しているかどうかについての理解はあまり進んでいない。褐色脂肪組織の熱産生能は、体脂肪量のような他のエネルギー代謝関連形質同様に、多数の小さな効果をもつ遺伝子多型と環境要因の組み合わせによって規定されるポリジーン形質であると想定できる。この想定が正しければ、効果する遺伝子多型を包括的に検出するには、大きな標本数が必要となる。しかし、褐色脂肪組織の熱産生能の定性・定量には人体を対象とした適切な寒冷曝露実験、高コストなPET/CTや精密な生体ガス分析が必要なために、大規模なゲノムワイド関連解析研究の俎上に載るには至っていない。したがって、これまでに報告されている褐色脂肪組織に関連する遺伝子は、比較的小規模な候補遺伝子研究に基づくものである。

10.3.1 ミトコンドリアゲノム

ミトコンドリアは核とは独立した独自のゲノムをもっており、そこにはミトコンドリアの機能に必要な一部のタンパク質がコードされている。ミトコンドリアゲノムの塩基配列は多様性が高く、そのような多様性の一部はヒトの疾患や形質と関連していることが知られている（Yamamoto et al., 2020）。西村らは、日本列島で出現頻度が高く、かつ北東アジアの集団とも共有されているミトコンドリアゲノムのハプログループDに着目して、人工気候室を用いた生理学を実施した。先に述べた通り、ミトコンドリアは褐色脂肪組織における熱産生の場としての役割を果たしており、ハプログループごとにミトコンドリアの機能に差があれば、寒冷適応能の個人差にも寄与している可能性がある。若年成人男性16名を対象とした調査の結果、ハプログループDの保有者は非保有者に比べて、寒冷曝露に際しての直腸温度の低下がゆるやかである、夏季に比べて冬季で大きく呼吸商が低下しているなどの特徴を示した。呼吸商の低下は体内での脂質代謝の亢進を意味している。寒冷曝露化での被験者の直腸温度の低下がゆるやかであることとあわせて考えると、ハプログループDの保有者では、褐色脂肪組織での熱産生が、低温環境下での体温維持に重要であると解釈することができるだろう（Nishimura et al., 2011, 2012）。

10.3.2　UCP1

ミトコンドリアの熱産生装置であるUCP1の遺伝子は、1990年代から生活習慣病感受性の遺伝子のひとつとして研究されてきた。そのなかでも、この遺伝子の上流領域のエンハンサー候補領域に存在するSNPのひとつであるrs1800592が、特に頻繁に解析された（Nakayama and Inaba, 2019）。Yoneshiro et al.（2011）は、北海道在住の成人男女199名を対象にPET/CTによる褐色脂肪組織の熱産生能測定を実施し、rs1800592と、後述する$\beta 3$アドレナリン受容体遺伝子の非同義SNPのひとつであるrs4994の遺伝型との関連を検証した。その結果、41歳以上の被験者集団において、これら2つの遺伝子の対立遺伝子の組み合わせと褐色脂肪組織の活性の高さの間に関連が認められた。このような効果は、40歳以下の被験者集団では認められなかったことから、これら2つのSNPは加齢に伴う褐色脂肪組織活性の減退に影響を与えていることが示唆された。また、Nishimura et al.（2011）は、人工気候室実験と呼気ガス分析装置を用いた実験により、rs1800592の高い褐色脂肪組織活性と結びついた対立遺伝子の保有者は、寒冷環境に置かれた際の酸素消費量の増加が大きく、代謝性の熱産生が亢進していることを報告している。なお、この寒冷曝露は筋肉による震え熱産生が起こらない程度のゆるやかな条件で実施されている。さらに、この対立遺伝子と結びついた周辺のSNP群のハプロタイプは、1000人ゲノムプロジェクトのヒト集団では、より高緯度の地域ほど高くなる傾向が観察されており、気温のような緯度と強く相関する環境条件が選択圧として作用していたことが示唆されている（Nishimura et al., 2017）。また、この対立遺伝子の保有者は、褐色脂肪組織が活発化する冬季から春季にかけて、内臓脂肪蓄積に抵抗性を示すことも報告されている。褐色脂肪組織による熱産生は体内に蓄えた脂質をおもなエネルギー基質として利用するので、褐色脂肪組織活性の高い者は、そうでない者に比べて体脂肪蓄積が抑制される可能性がある。よって、この発見は、rs1800592 が褐色脂肪組織での熱産生能の個人差に寄与していることを間接的に支持しているといえるだろう（Nakayama et al., 2013）。

10.3.3 βアドレナリン受容体遺伝子

褐色脂肪組織への交感神経入力を担うβアドレナリン受容体の遺伝的多様性についても、ヤポネシア人の熱産生形質多様性への関与が報告されている。βアドレナリン受容体にはβ1 からβ3 までの 3 つのサブタイプが存在しており、それぞれ発現部位や生理機能が異なっている。褐色脂肪組織では 3 つのサブタイプすべての発現が報告されているが、ネズミ目を対象とした研究から、β3 サブタイプのみが褐色脂肪組織の熱産生制御に主要な役割を果たしているとみなされてきた。βアドレナリン受容体の各サブタイプの遺伝子にも、前述の UCP1 遺伝子同様に生活習慣病の感受性に関連した機能的な SNP の存在が報告されている（Nakayama and Inaba, 2019）。石田らは、399 名の北海道在住の成人男女を対象に、β1、β2 およびβ3 アドレナリン受容体遺伝子の複数の SNP と PET/CT で測定した褐色脂肪組織活性の有無との関連を検証した。その結果、β2 アドレナリン受容体遺伝子の SNP のひとつである rs1042718 が、活性の高い褐色脂肪組織の有無と強く関連していることが明らかになった。さらに、関東地方在住の成人男女で構成されたふたつの集団に対して、近赤外線時間分解分光法あるいは赤外線サーモグラフィー法による褐色脂肪組織活性測定を実施し、この SNP と褐色脂肪組織活性との関連をこれらの集団でも確認している。また、この SNP の遺伝型は寒冷曝露下での酸素消費量の変化や、直腸温度の変化とも関連を示した。rs1042718 はβ2 アドレナリン受容体遺伝子のエキソン内の、進化的に非常によく保存された部位に位置する同義多型のひとつで、この遺伝子の翻訳効率に影響を与えるほか、いくつかの組織ではこの遺伝子の転写活性にも相関することが報告されている。かつては、ネズミ目を対象とした観察から、褐色脂肪組織が受容する交感神経シグナル経路は、もっぱら$\beta 3$アドレナリン受容体が担っていると考えられてきた。最近になって、ヒトでは$\beta 2$アドレナリン受容体がこの経路ではより主要な役割を果たしていることがも報告されている。$\beta 2$アドレナリン受容体遺伝子の機能的なSNPがヤポネシア人集団での褐色脂肪組織活性の個人差に関連していたということは、この細胞生物学的な知見とも整合性があり、ネズミ目とヒトとの間で褐色脂肪組織の機能に種差が存在していることを支持する証拠といえるだろう。一方で、$\beta 1$アドレナリン受容体については細胞生物学的な研究から褐色脂肪組織の機能への関与を示す少数の報告があったが、これをコードする遺伝子上のSNPと褐色脂肪組織の熱産生能との関連は見出されなかった（Ishida et al., 2024a）。

● 10.4 自然選択の痕跡を残す遺伝子は熱産生能と関連するか？

ヒトの寒冷適応能に寄与する遺伝子の探索は、寒冷地で永らく生活してきた集団を対象とした集団遺伝学的な解析からも試みられている。たとえば、グリーンランドのイヌイットで特異的に作用した正の自然選択の痕跡をゲノム全体から検出する研究では、*T-box transcription factor 15* 遺伝子（以降、*TBX15* 遺伝子と称する）と *tryptophanyl tRNA synthetase 2, mitochondrial* 遺伝子（以降、*WARS2* 遺伝子と称する）の2遺伝子を含むゲノム領域に、この集団に特異的な正の自然選択が作用したことが報告されている。これら2遺伝子は、褐色脂肪組織の発生や熱産生の制御に関与することが、おもにネズミ目を用いた研究から報告されている。さらに、イヌイット集団で正の自然選択を受けたハプロタイプは、デニソワ人との交雑でヒトにもたらされた可能性が指摘されている。デニソワ人はヒトに先んじて最終氷期のユーラシア大陸に進出していたことが化石の分布や推定年代から支持されているので、ヒトよりも寒冷環境に遺伝的な適応を果たすチャンスが大きかった可能性が高い。このような背景があったため、*TBX15* 遺伝子および *WARS2* 遺伝子は、ヒトの寒冷適応遺伝子の有力な候補と考えられてきたが、褐色脂肪組織の熱産生能の多様性と実際に関係するかどうか未解明のままだった（Racimo et al., 2017）。当該ゲノム領域の適応的なアレルは、イヌイット集団ではほぼ固定されているので、この集団で寒冷適応的な形質と関連するかどうかを調べることはできない。また、イヌイットを対象として大掛かりな褐色脂肪活性測定を実施するのは事実上不可能である。しかし、ヤポネシア人をはじめとした東アジアの集団では、このアレルがまだ多型的な状態で保たれているので、集団内の形質のばらつきとの相関を調べることができる。石田らは、先の$\beta 2$アドレナリン受容体遺伝子の研究に用いたのと同じ被験者集団に対して、イヌイットで自然選択の痕跡を示したSNPの効果を解析したが、褐色脂肪組織活性との関連は見出すことはできなかった。また、他の集団遺伝学的研究から、寒冷地で生活するヒト集団で正の自然選択の痕跡が報告されている5つの遺伝子についても検証がなされたが、レプチン受容体遺伝子に示唆的な関連が認められたのみであった。レプチン受容体は、おもに脳の視床下部で発現しており、食事後に脂肪細胞が分泌するホルモンであるレプチンを受容し摂食行動を抑制する。レプチンおよびレプチン受容体は全身のエネルギーバランスの制御に多面的に関わっているので、果たしてこの遺伝子多型が褐色脂肪組織の熱産生の制御にダイレクトに関わっているかについては、関連解析の結果のみからは判断することが難しい。この発見は、集団遺伝学的研究のみからヒトの寒冷適応進化の過程を知ることの難しさを改めて顕にしたともいえよう（Ishida et al., 2024b）。

● 10.5　寒冷適応に関係した他の形質の多様性

熱産生は寒冷適応反応の重要な構成要素のひとつだが、ホッキョクギツネのような極端な寒冷環境に生息している種では、身体の断熱性を高めてそもそも熱を失わないようにすることがより適応的である。このような断熱性に関わる寒冷適応形質としてより広く知られているものは、体格の大小やプロポーションだろう。恒温動物において、同種内あるいは近縁種間では、高緯度に生息する個体は低緯度に生息する個体と比較して、より大きな体サイズをもつ傾向がある。逆に、四肢、耳、尻尾など体幹から突起している構造が小さくなる傾向がある。前者はベルグマンの法則、後者はアレンの法則として知られており、哺乳類および鳥類のさまざまな種で広く確認されている。恒温動物でふたつの法則に従うような体格の地理的分布が形成される理由のひとつとして、寒冷環境では体積に対する体表面積の比が小さいことが、体表からの熱の散逸を防ぐ上でより適応的であることが挙げられる。ヒトでは、イヌイットのような極北の集団では、アフリカの集団と比較して四肢が短くずんぐりとした体型が一般的であることが知られており、このような適応進化の産物であると考えられている。また、さまざまな地域のヒト集団の調査から、高緯度地域ほど身長や体重が大きいという傾向も報告されているが、経済状況や栄養状態などの交絡因子の寄与も大きいので、その解釈には注意が必要である（Boggin et al., 2022）。

日本列島では、北部の集団が南部の集団に比べてより身長が高く大柄な傾向があることが古くから知られていた。このベルグマンの法則に適合するような身長の地理的勾配は、ヤポネシア人の間に少なくとも約100年前から存在しており、生活様式、経済状態、栄養状態などの身長に影響を与えうる要素が日本列島全体でより均一化した現代でも確認されていることから、遺伝的素因の影響もあると考えられる。身長はポリジーン形質の代表例で、ヤポネシア人を対象とした大規模なゲノムワイド関連解析研究の報告があり、地域間での遺伝的背景のばらつきを評価するのに適している。47都道府県から収集した約1万人のゲノムワイドSNP遺伝型データについて、先のゲノムワイド関連解析研究で同定された多数の身長関連SNPの遺伝型情報をもとにしたポリジェニックスコアを算出した研究では、南部より北部で身長のポリジェニックスコアが高い者の割合が大きい傾向が観察された。より明瞭な傾向として、渡来系弥生人の遺伝的寄与がより大きい地域では、身長のポリジェニックスコアの平均値がより大きかった（Issiki et al., 2021）。渡来系弥生人の集団は縄文時代からの先住集団よりも大柄な個体が多かったことがよく知られており、これは渡来系集団の祖先が経験した寒冷適応的な進化の産物と解釈することができるが、農耕の発達に伴う栄養状態の改善の帰結としても説明できることに注意しなければならないだろう。

ヒトの身体は低温に曝露されている部位の血管を収縮することで血流量を低下させ、熱の散逸を防ごうとする。しかし、強い低温曝露が続くと当該部位の血管は拡張し、血流が回復する。この寒冷曝露で二次的に起きる血管拡張反応は乱調反応として知られている。特に、手足には動脈と静脈を毛細血管への分岐前に短絡する静動脈吻合が存在しており、乱調反応によって指末梢部を凍傷から守る役割を果たしていると考えられている。乱調反応にも個人差があることが古くから知られており、これに寄与する遺伝子を同定する試みもある。Yasukouchi et al.（2022）は日本人成人男性 94 名についてレーザードップラーフローメトリーなどの手法を用いて冷水中での乱調反応を測定した。その結果、実験参加者のおよそ 1 割が乱調反応を呈さないことが示された。さらに、ゲノムワイドな SNP 遺伝型情報を用いて関連解析を実施した。その結果、乱調反応の有無に関連する座位は検出されなかったが、内皮型一酸化窒素合成酵素の作用とは独立した血管拡張反応に寄与するいくつかの座位が同定されている（Yasukouchi et al., 2022）。また、寒冷適応反応は気温の感受性と密接に関わるので、温度の感じ方にも寒冷適応的か否かの違いがあるかもしれない。Wu らはおよそ 1,000 人の日本人成人女性に対して、アンケートによって冷えの自覚部位および負担感を調査し、ゲノムワイド関連解析を実施した。その結果、温度感受性 TRP チャンネルタンパク質のひとつである TRPM2 タンパク質をコードする遺伝子などに、冷えの感じ方に示唆的な関連を示す SNP が検出された（Wu et al., 2023）。これらの発見についても、SNP とそれが効果する遺伝子の機能の解明に加えて、独立したヤポネシア集団を対象とした検証が待たれるところである。

● 10.6　おわりに

この章では褐色脂肪組織の熱産生能の多様性を中心に、それに関わる遺伝子を紹介してきた。この特徴が発見され、精密に定量・定性できるようになってからの日が浅いので、その遺伝的背景の理解は道半ばである。しかし、将来的には、ヤポネシア人の成立と環境適応の理解に関して、従来の研究のみからは知ることが難しい新たな知見を与えてくれるかもしれない。まず、この多様性は、身長と同様にヤポネシア人の複雑な出自に由来するものである可能性がある。骨や軟部組織の特徴から、縄文時代からの先住集団は暑熱適応型で、弥生時代以降の渡来集団は寒冷適応型であるとする説が提唱されてきたが、褐色脂肪組織活性の多様性もこのような枠組みの中で説明可能なのかどうかは、大変興味深い問いである。また、ネズミ目を対象とした研究から、褐色脂肪組織の熱産生制御機構は、社会的ストレス、飢餓ストレス、病原体の感染からも強い影響を受けていることが明らかになっている。したがって、ヤポネシア人で観察された熱産生能の多様性は、気温以外のさまざまな環境条件への適応の結果形成されてきた可能性がある。いうまでもなく、これらのストレス要因は、狩猟採集から農耕・農業への生業への移行に伴い大きく変容してきたに違いない。さらに、褐色脂肪組織による熱産生の亢進によって全身のエネルギー代謝を亢進したり、"バトカイン"として知られている液性因子を分泌することで他の器官・組織にはたらきかけ、肥満や2型糖尿病の進展を抑制するはたらきがあることも知られている。現代のヤポネシア人は、痩せ気味でも非アルコール性の脂肪肝を発症したり、2型糖尿病を発症しやすいなどの特徴をもつ。ひょっとすると、進化の過程で形作られた褐色脂肪組織の機能の多様性が、現代のヤポネシア人の代謝特性のユニークさの原因のひとつとなっているのかもしれない。

文　献

Bakker L. E. et al.（2014）Brown adipose tissue volume in healthy lean south Asian adults compared with white Caucasians：a prospective, case-controlled observational study. *The Lancet Diabetes & Endocrinology* **2**（3）：210-217.

Bogin B., Hermanussen M., and Scheffler C.（2022）Bergmann's rule is a "just-so" story of human body size. *Journal of Physiological Anthropology* **41**：15.

Hamaoka T. et al.（2020）Near-infrared time-resolved spectroscopy for assessing brown adipose tissue density in humans：a review. *Frontiers in Endocrinology* **11**：261.

Ishida Y. et al.（2024a）Genetic evidence for involvement of β2-adrenergic receptor in brown adipose tissue thermogenesis in humans. *International Journal of Obesity* **48**：1110-1117.

Ishida Y. et al.（2024b）Association between thermogenic brown fat and genes under positive natural selection in circumpolar populations. *Journal of Physiological Anthropology* **43**（1）：19

Isshiki M., Watanabe Y., and Ohashi J.（2021）Geographic variation in the polygenic score of height in Japan. *Human Genetics* **140**：1097-1108.

前田享史（2020）2.2 温熱への適応．安河内朗，岩永光一編著『生理人類学――人の理解と日常の課題発見のために』，理工図書，48-58.

Nakayama K. et al.（2013）Seasonal effects of UCP1 gene polymorphism on visceral fat accumulation in Japanese adults. *PLOS One*. **8**（9）：e74720.

Nakayama K. and Inaba Y.（2019）Genetic variants influencing obesity-related traits in Japanese population. *Annals of Human Biology* **46**（4）：298-304.

Nirengi S. et al.（2015）Human brown adipose tissue assessed by simple, noninvasive near-infrared time-resolved spectroscopy. *Obesity* **23**（5）：973-980.

Nishimura T. et al.（2011）Relationship between mitochondrial haplogroup and psychophysiological responses during cold exposure in a Japanese population. *Anthropological Science* **119**（3）：265-271.

Nishimura T. et al.（2012）Relationship between seasonal cold acclimatization and mtDNA haplogroup in Japanese. *Journal of Physiological Anthropology* **31**（1）：22.

Nishimura T. et al.（2017）Experimental evidence reveals the UCP1 genotype changes the oxygen consumption attributed to non-shivering thermogenesis in humans. *Scientific Reports* **7**：5570.

Racimo F. et al.（2017）Archaic adaptive introgression in *TBX15/WARS2*. *Molecular Biology and Evolution* **34**（3）：509-524.

Saito M. et al.（2009）High incidence of metabolically active brown adipose tissue in healthy adult humans：effects of cold exposure and adiposity. *Diabetes* **58**（7）：1526-1531.

Wu X. et al.（2023）Exploratory study of cold hypersensitivity in Japanese women：genetic associations and somatic symptom burden. *Scientific Reports* **14**：1918.

Yamamoto K. et al.（2020）Genetic and phenotypic landscape of the mitochondrial genome in the Japanese population. *Communications Biology* **3**：104.

Yasukochi Y. et al.（2023）Cold-induced vasodilation response in a Japanese cohort：insights from cold-water immersion and genome-wide association studies. *Journal of Physiological Anthropology* **42**：2.

Yoneshiro T. et al.（2011）Age-related decrease in cold-activated brown adipose tissue and accumulation of body fat in healthy humans. *Obesity* **19**（9）：1755-1760.

Yoneshiro T. et al.（2013）Impact of UCP1 and β3AR gene polymorphisms on age-related changes in brown adipose tissue and adiposity in humans. *International Journal of Obesity* **37**（7）：993-998.

米代武司，斉藤昌之，松下真実（2015）寒冷適応と体脂肪制御における褐色脂肪組織の生理学的意義．『日本生理人類学会誌』**20**（4）：219-233

Yoneshiro T. et al.（2016）Brown adipose tissue is involved in the seasonal variation of cold-induced thermogenesis in humans. *Regulatory, Integrative and Comparative Physiology* **310**（10）：R999-R1009.

SNP 以外のゲノム変化

藤 本 明 洋

ヒトゲノムにはさまざまな種類の遺伝的多型が存在している。それらの中で、一塩基多型（SNP）は数が多く発見が容易なことから、進化研究や疾患研究に広く用いられている。SNP に加えて、短い挿入・欠失やコピー数多様性、マイクロサテライトの繰り返し数の多型なども存在している。ヒトの遺伝的多様性のパターンは集団の歴史を反映しているため、遺伝的多様性を解析することにより、集団構造や自然選択の影響を検出することができる。しかし、現在までのほとんどの研究では SNP が用いられており、SNP 以外の遺伝的多様性の研究は十分ではない。本章では、非 SNP の遺伝的多様性について述べる。

● 11.1　ヒトゲノムの多型

11.1.1　多型の種類

ゲノムの多型には様々なタイプが存在する（図 11.1）。多型のゲノム上の位置を座位と呼び、多型の座位に存在する DNA 配列の種類をアレルと呼ぶ。たとえば、2 番染色体の端から 1 億 889 万 7,145 塩基目に G（グアニン）と A（アデニン）の多型が存在した場合、この多型の座位は chr2：108,897,145 であり、アレルは G と A である。

以下では、主な多型について紹介する。

SNP（一塩基多型）　1 塩基の多型を SNP（single nucleotide polymorphism）

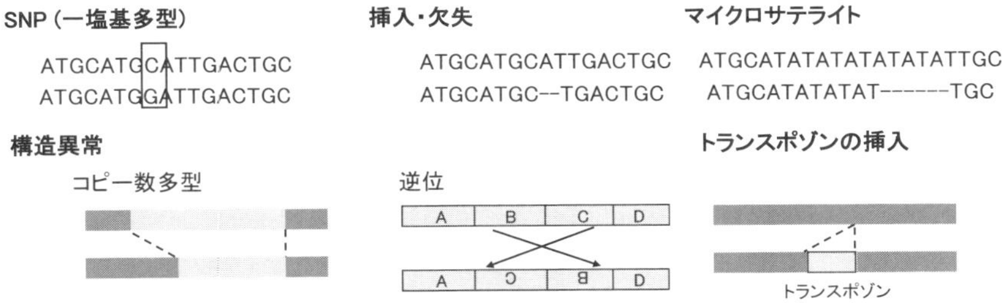

SNP（一塩基多型）
ATGCATGCATTGACTGC
ATGCATGGATTGACTGC

挿入・欠失
ATGCATGCATTGACTGC
ATGCATGC--TGACTGC

マイクロサテライト
ATGCATATATATATATATTGC
ATGCATATATAT------TGC

構造異常
コピー数多型
逆位
A B C D
A C B D

トランスポゾンの挿入
トランスポゾン

図 11.1 ゲノム多型のタイプ

と呼ぶ（図 11.1）。SNP はもっとも数が多い多型であると考えられる (Lappalainen et al., 2019)。2000 年代に安価に大量の SNP を解析する実験法 (DNA アレイ) が開発され、疾患研究や人類史の研究に用いられている。また、次世代シークエンサーのデータから正確に SNP を検出する手法も確立されており、ゲノム全体を対象とした SNP 解析も行われている。なお、多型とはマイナーアレル頻度が 1% 以上の遺伝的多様性のことをいう。任意の頻度の 1 塩基の違いは一塩基多様体（single nucleotide variant；SNV）と呼ばれる。厳密には頻度に応じて SNP と SNV を使い分けるか、すべてを SNV と記載すべきであるが、用語としては SNP が普及しており、煩雑さを避けるため、本章ではすべての 1 塩基の違いを SNP と呼ぶ。

挿入・欠失　50 塩基対未満の塩基配列の長さの違いを挿入・欠失と呼ぶ。挿入・欠失は SNP より大きな機能的変化を引き起こすことがある。特に、タンパク質コード領域に生じた挿入・欠失はタンパク質の機能に大きな影響を与えうる。

マイクロサテライト　ヒトゲノムには、多くの繰り返し配列が存在している。このうち、1～6 塩基を単位とする繰り返し（ATATATATATATATAT…など）をマイクロサテライトと呼ぶ（図 11.1）。マイクロサテライトは、ヒトゲノムに約 1,000 万カ所存在するとされている（Fujimoto et al., 2020）。マイクロサテライトは、DNA 複製の際にエラーが起こりやすい。また、マイクロサテライトは SNP に比べて多くのアレルをもちうるため、少数のマイクロサテライトで個人差を効率的に調べることができる（たとえば AC の繰り返しからなるマイクロサテライトには、AC の連続が 10 回、13 回、15 回など様々なアレルが存在しうる。一方、大部分のSNPはAとTなど2種類のアレルである)。このため、1座位あたりの情報が多く犯罪捜査や親子鑑定に用いられている。全ゲノムレベルの検出が困難でもあり解析が遅れている種類の多型である。

構造異常 50塩基対以上の挿入・欠失、逆位(塩基配列の逆転)、染色体転座(異なる染色体の融合)、コピー数多型/変異(DNA量の増減)などを構造異常と呼ぶ(図11.1)。構造異常はSNPや挿入・欠失よりも遺伝子の機能に与える影響が大きいと考えられる。検出が困難であり全ゲノムレベルの解析が遅れている種類の多型である。

その他 上記以外のゲノム多型も存在する。たとえば、マイクロサテライトよりも長い塩基配列の繰り返しであるサテライトDNAやVNTR(variable number of tandem repeats)にも大きな遺伝的多様性が存在していると考えられる。

● 11.2 マイクロサテライトの遺伝的多様性

11.2.1 マイクロサテライトの遺伝学

マイクロサテライト1座位には多くのアレルが存在することがあり、SNPよりも得られる情報量が多い。そのため、DNAアレイや次世代シークエンサーによってゲノム全域にわたるSNPの解析が可能になる前は、家系サンプルを用いた遺伝病の遺伝子探索、集団間の遺伝的差異の解析、犯罪捜査におけるDNA型鑑定、親子DNA鑑定、癌におけるゲノム不安定性の検査などの多くの研究の主要なツールであった。

ヒトの集団遺伝学の研究では、数十〜数百のマイクロサテライトの多型が実験的に決定され、集団構造の解明が行われていた。たとえば、Rosenbergらは、世界各地の52集団由来の1,056人の377個のマイクロサテライトを決定し、遺伝的多様性全体の中で集団間の差は数%に過ぎないことや、調査したサンプルが6つの集団に分類できることを報告した(Rosenberg et al., 2002)。現在は、ゲノムワイドなSNP解析が容易になり、このようなマイクロサテライト研究はほとんど行われていない。

犯罪捜査においては、現在でもマイクロサテライトが用いられている。たとえば、広く使用されているGlobalfilerキット（Life Technologies社）では、多型性が非常に高い24個のマイクロサテライトが調査される。これらのマイクロサテライトでは、さまざまな集団のアレル頻度が調べられており、この情報を利用することで、異なるDNAサンプルが同一個体に由来する確率を求めることができる。

マイクロサテライトは、癌の検査にも用いられている。DNAの修復の一部であるミスマッチ修復機能が欠損している癌では、マイクロサテライト領域の突然変異率が上昇していることが知られており、マイクロサテライト不安定性（microsatellite instability；MSI）と呼ばれる。マイクロサテライト不安定性を呈する癌は、体細胞変異数が多いことから、腫瘍特異的抗原（ネオアンチゲン）の発現が高くなり、T細胞の認識を受けやすくなり、免疫チェックポイント阻害剤の奏効率が高いことが知られている。このため、マイクロサテライト不安定性の検出に適したマイクロサテライトのセットが検査され、治療法の選択に用いられている。

11.2.2 古典的なマイクロサテライト多型の検出法

実験によってマイクロサテライトの遺伝型を判定するためには、PCR法による増幅と電気泳動による長さの解析が行われる。マイクロサテライトとその周辺部分をPCR法で増幅し、増幅した断片に検出のための蛍光標識を付けて、電気泳動によって長さを推定する（Schuelke, 2000）。電気泳動で増幅産物が1種類だけ認められた場合はホモ接合体と判断し、2種類の場合はヘテロ接合体であると判断する。しかし、PCRの増幅のエラーにより、真のアレル以外のシグナルが認められることもある。そのため、必要に応じて目視でエラーと真の遺伝型を区別する。

11.2.3 次世代シークエンサーのデータからのマイクロサテライト多型の検出

次世代シークエンサーによる全ゲノムシークエンスが可能となり、多くの個体の全ゲノムシークエンスが行われている。これらのデータを再解析してマイクロサテライト多型を検出することができれば、ゲノム全域の数百万カ所のマイクロサテライト多型を解析することが可能となる。そこで、我々は次世代シークエンサーのデータからマイクロサテライトの多型を検出する手法を開発した（Fujimoto et al., 2020）。まず、解析対象とするマイクロサテライト領域を選定するため、ヒトゲノム配列中で 1〜6 塩基が繰り返されている領域を探索した。繰り返し配列の探索は単純な問題ではない。たとえば、AAATAAAA という配列の場合、A の連続のみを検出すると A の繰り返しの中に T が挟まれているため、A の繰り返しは 3 回と 4 回に分けて検出される。しかし、マイクロサテライトではしばしば 1 塩基の置換が生じるため、T を考えずにこの配列全体を A の連続とみなすほうが有益である。このように、ある程度曖昧さを許して繰り返し配列を検出する必要がある。このため、複数のソフトウエアが開発されてきた。我々は 3 種類のソフトウエア（RepeatMasker、Tandem Repeat Finder、MISA）を用いてヒトゲノム中のマイクロサテライトを検出した。さらに、検出されたマイクロサテライトから、前後の領域の配列が特異的（ゲノムの他の領域に類似配列が存在しない）であり、近傍に他のマイクロサテライトがなく、長さが 80 塩基対以下のマイクロサテライトを選出した。その結果、約 881 万個のマイクロサテライトが選出された。

これらのマイクロサテライトについて遺伝型を判定した。マイクロサテライトには A の連続、AC の連続などさまざまなパターンが存在している。パターンごとにシークエンスのエラー率が異なると考えられたため、パターン別にエラー率を推定した。エラー率は長さや塩基配列に依存し、A または T の繰り返しからなるマイクロサテライトのエラー率は高かった。この推定結果に基づき、パターン別エラー率を考慮する確率モデルを用いて、エラーと存在するアレルを区別する方法を開発した。解析の精度は、擬似データおよび実験を用いて評価し、解析に適したパラメータを選択した。

11.2.4 世界各地のヒトのサンプルにおけるマイクロサテライト多型

この手法を用いて人類集団全体のマイクロサテライト多型を解析することを目指し、公開されている Simons Genome Diversity Project（SGDP）と Human Genome Diversity Project（HGDP）の全ゲノムシークエンスデータを解析した（Gochi et al., 2022）。これらのデータでは、アジア、アフリカなどの

12 集団に由来する 1,364 名の全ゲノムシークエンスが公開されていた。これらの中から、データ量が十分であり 96% 以上のマイクロサテライトの遺伝型が決定された 964 サンプルを解析に用いた。

約 847 万個のマイクロサテライトの多型を解析したところ、ほとんどのマイクロサテライトには個人差がなく（単型的）、約 73 万個のマイクロサテライトに多型が見つかった。SNP では、約 1,000 塩基対にひとつの多型が存在することを考えると、マイクロサテライトは SNP と比べてかなり多様性に富んでいるといえる。タンパク質コード領域には約 7 万個マイクロサテライトがあり、そのうち 893 個に多型が存在していた。

次に、ヘテロ接合度を用いて集団間の多様性の比較を行った。ヘテロ接合度とは、ランダムに選んだふたつのアレルが異なる確率である。たとえば、あるマイクロサテライト座位において、繰り返し数が 10 回のアレルの頻度が 70%、15 回のアレルの頻度が 30% のとき、ヘテロ接合度は 42%（$2 \times 0.7 \times 0.3 = 0.42$）となる。各マイクロサテライトのヘテロ接合度を平均して、集団間で比較した。その結果、アフリカ集団が最もヘテロ接合度が高かった（図 11.2）。この結果は、SNP 解析の結果とも一致していた（Auton et al., 2015）。

集団間の多型の量の違いは、集団の大きさで説明できる。集団遺伝学では、集団の大きさが一定であれば、中立な多型のヘテロ接合度は Nu（N：有効な集団の大きさ、u：突然変異率）に依存することが示されている。有効な集団の大きさとは、偶然によるアレル頻度の変動の程度が解析対象の集団と同じになる理論的な集団の大きさである。有効な集団の大きさは、実際の個体数を反映していると考えられる（興味のある読者は集団遺伝学の教科書を参照してほしい）。突然変異率（u）は細胞内の DNA 修復メカニズムに依存するため、集団間で同一であり集団間のヘテロ接合度の違いには影響しないと考えられる。しかし、有効な集団の大きさ（N）は、集団によって異なるため、ヘテロ接合度に影響しうる。人類集団は、アフリカで進化し、一部の個体が 10～7 万年前にアフリカから他の地域に移住した（出アフリカ）。このため、アフリカ集団の大きさはその他の集団よりも大きいと考えられ、ヘテロ接合度の高さが説明できる。

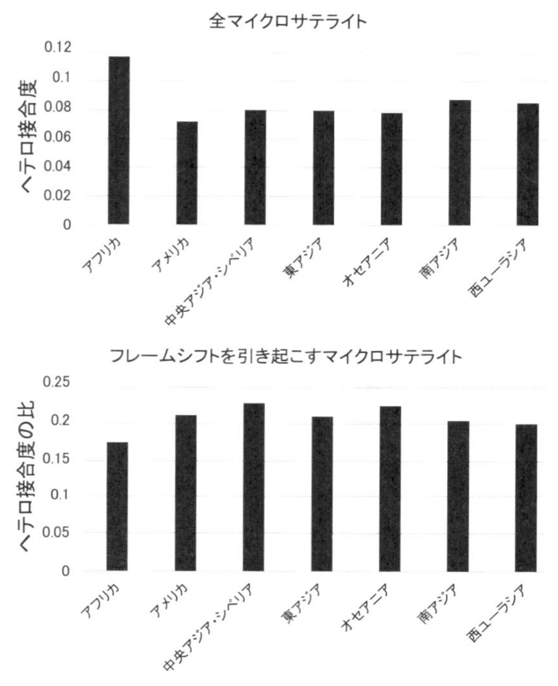

図 11.2 集団間のヘテロ接合度の比較
上図：全マイクロサテライトのヘテロ接合度の平均値。下図：フレームシフトを引き起こすマイクロサテライトのヘテロ接合度の平均値と全マイクロサテライトのヘテロ接合度の平均値の比。

11.2.5 マイクロサテライト多型の機能的意義

次に遺伝子のタンパク質コード領域のマイクロサテライトを解析した。タンパク質コード領域では連続した3塩基（コドン）がアミノ酸を指定する。このため、ユニット長が3の倍数でないマイクロサテライトの多型はコドンのずれ（フレームシフト）を引き起こし、タンパク質に大きな影響を及ぼすと考えられる。なお、ユニット長（繰り返し単位の長さ）が3の倍数のマイクロサテライトの多型もアミノ酸の変化を引き起こすが、フレームシフトを引き起こすマイクロサテライトに比べると影響は小さい。

タンパク質コード領域内のマイクロサテライトでは、それ以外の領域と比べ、3の倍数の長さのマイクロサテライト多型の割合が多かった。また、遺伝子の機能に注目したところ、フレームシフトを引き起こすマイクロサテライトの多型は嗅覚受容体や推定遺伝子に多かった。嗅覚受容体はヒトゲノム中に1,000個程度存在し、そのうち約60%が機能を失っている偽遺伝子であると考えられている（Gilad et al., 2003）。また、多型的な偽遺伝子（ある遺伝子において、一部の個体のみが偽遺伝子であるということ）も存在している。マイクロサテライト多型もこのような偽遺伝子の生成を引き起こしていると考えられる。一方、推定遺伝子はバイオインフォマティックスによってタンパク質をコードしている可能性が高いと予測された遺伝子であり、本当にタンパク質をコードしているかどうか実験的裏付けがないものが多い。フレームシフトを引き起こすマイクロサテライトが存在する遺伝子は、実際にはタンパク質をコードしておらず配列の重要性（機能的制約）が低いために、フレームシフトを引き起こすマイクコサテライトの多型が存在しているのかもしれない。

次に、集団間で、フレームシフトを引き起こすマイクロサテライトのヘテロ接合度を比較した。この解析では、集団間の多型の量を標準化するためフレームシフトを引き起こすマイクロサテライトとユニット長が全マイクロサテライトのヘテロ接合度平均の比を比較した。その結果、全マイクロサテライトの比較（図11.2）とは異なり、アフリカ集団がもっとも低かった。集団遺伝学では、自然選択の強さは有効な集団の大きさ（N）と選択係数（s）の積（Ns）に依存すると考えられている。選択係数は、多型の個体の適応度への影響の強さである。フレームシフトを引き起こすマイクロサテライトの適応度に与える影響は遺伝子の機能を損なうため有害であり（$s < 0$）は、集団間でほぼ違いがないと考えると、有効な集団の大きさ（N）が大きな影響を及ぼすと考えられる。アフリカ集団は有効な集団の大きさが大きいため、Ns の絶対値が大きくなり、自然選択の影響が強くなった結果、フレームシフトを引き起こすマイクロサテライトの多様性が減少したのではないかと思われる。さらに、中央アジア・シベリア集団では、ヘテロ接合度の比が大きかった。この集団は多くの分集団に分かれている可能性があり、N が小さいため、自然選択が十分にはたらかずフレームシフトを引き起こすマイクロサテライトの頻度が高いのかもしれない。

11.2.6　マイクロサテライトを用いた集団間分化の解析

集団構造の解明を目的として、マイクロサテライトを用いて主成分分析（PCA）を行った。主成分分析では多数の座位を用いてサンプル間の遺伝的類似性を評価することができる（第6章参照）。SNPデータを用いた研究では、主成分分析は頻繁に行われているが、ゲノム全域の多数のマイクロサテライト多型を用いた主成分分析はほとんど例がなかった。先行研究ではマイクロサテライトを用いた主成分分析が行われていたが、SNPを用いた主成分分析よりも精度が劣っていた（Mallick et al., 2016）。

本研究の解析に基づいてマイクロサテライトの主成分分析を行ったところ、SNPを用いた主成分分析との類似性が極めて高く、今回のマイクロサテライト解析は集団構造の解析に十分な精度であると考えられた（図11.3）。マイクロサテライトとSNPの結果を比べたところ、ほぼ一致していたが、アフリカ集団の一部とオセアニア集団の一部に違いが認められた。特にオセアニア集団においては、マイクロサテライトでは、同じ分集団に属する個体がSNPよりも近く、マイクロサテライトが新たな集団構造を明らかにする可能性があることが示唆された。

11.2.7　縄文人のマイクロサテライト多型

我々は古代人のマイクロサテライト多型も解析した。これまで、古代人ゲノムにおいて、ゲノム全域にわたるマイクロサテライトの解析は行われていなかった。古代人のゲノムDNAは、現代人のDNAに比べて質が低く、マイクロサテライトの解析は困難であると考えられた。そこで、神澤らが発表したデータ量が多い縄文人ゲノムデータを解析した（Kanzawa-Kiriyama et al., 2019）。ユニット長別に評価したところ、ユニット長が3塩基以上のマイクロサテライトは信頼できると考えられた。そこで、これらのマイクロサテライトを用いてPCAを行ったところ、このサンプルは現在アジア人集団の近くに位置し、このマイクロサテライト解析の結果は信頼できると考えられた。現在、多くの古代人ゲノムシークエンスが行われている。SNPに加えてマイクロサテライトの解析を行うことで、集団史について新たな情報が得られると期待される。

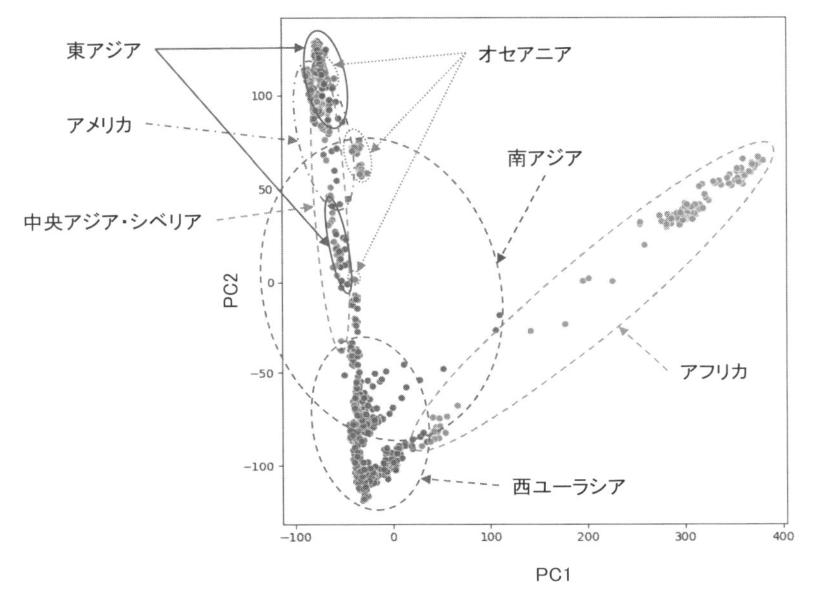

図 11.3 マイクロサテライト多型を用いたPCA
PC1：第一主成分、PC2：第二主成分（口絵7参照）

11.2.8 日本人集団のマイクロサテライト多様性

我々は引き続き日本人集団の解析を行った。日本人集団のデータとして、ナショナルセンター・バイオバンクネットワークにより産出された9,830人の全ゲノムシークエンスデータを解析した（Kawai et al., 2023）。前述した世界各地集団のサンプルの解析で多型が見つかった約71万個のマイクロサテライトを解析対象とし遺伝型を推定した。これらの中で約49万個が多型的であった。タンパク質コード領域には536個のマイクロサテライト多型が存在し、フレームシフトを起こすものが414個検出された。

日本人集団は主として、遺伝的に本土集団と琉球集団に大別されることが知られている（第6章参照）。SNPを用いてサンプルを本土集団と琉球集団に分類し、マイクロサテライトのヘテロ接合度を比較した。その結果、全マイクロサテライトのヘテロ接合度は本土集団の方が琉球集団よりも高かったが、フレームシフトを起こすマイクロサテライトのヘテロ接合度は本土集団のほうが低かった（図11.4）。このことは、前述したアフリカ集団とその他の集団の比較と同じく、有効な集団の大きさ（N）の違いで説明できる。本土と琉球では、本土のほうが集団が大きいため、全体の遺伝的多様性（Nu に比例）は高いものの、自然選択の影響（Ns）も強いため、フレームシフトを起こすマイクロサテライトの多様性が低くなったと考えられる。また、個々の遺伝子に注目したところ、遺伝病の原因となる遺伝子にもフレームシフトを引き起こすマイクロサテライト多型が見つかった。マイクロサテライト多型は通常の多型解析手法では検出されないことが多い。マイクロサテライト多型を考慮することで新たな疾患の原因遺伝子が見つかる可能性があると考えられる。

● 11.3　構造異常

マイクロサテライト以外の非SNP多型についても簡単に述べる。我々は、30～5,000塩基の欠失を検出する方法を開発した（Wong et al., 2019）。174人の日本人ゲノムを解析し、日本人集団で多型的な欠失を4,378個発見した。欠失と遺伝子発現量の関連について調べたところ、約4%の欠失が遺伝子発現の個人差と関連しており、生物学的な機能をもつと考えられた。挿入多型の検出も行い、4,254個の多型的な挿入を検出した。これらのうち、約3%が遺伝子発現の個人差と関連していた（Ashouri et al., 2021）。

以上は次世代シークエンサーを用いた解析であるが、我々はロングリードシークエンス法を用いた全ゲノムシークエンスも行った。日本人11名の全ゲノムシークエンスを解析したところ、100 bp以上の挿入多型が8,004個、100 bp以上の欠失多型が6,389個、逆位多型が27個検出された。挿入には300 bp付近の長さと6 kbp付近の長さのものが多い特徴があった。挿入配列の特徴を調べたところ、挿入の9割はトランスポゾン由来であった。また、プロセス型偽遺伝子の多型も15個検出された。さらに欠失の切断点の詳細な解析を行ったところ、組換えのエラーによって生じる非相同組換えが多数検出された。なお、タンパク質コード領域に影響する構造異常の頻度は、それ以外の構造異常よりも低く、負の自然選択の影響を受けていることが示唆された。このことは、構造異常も適応度に影響しており、疾患リスクなどに影響すると考

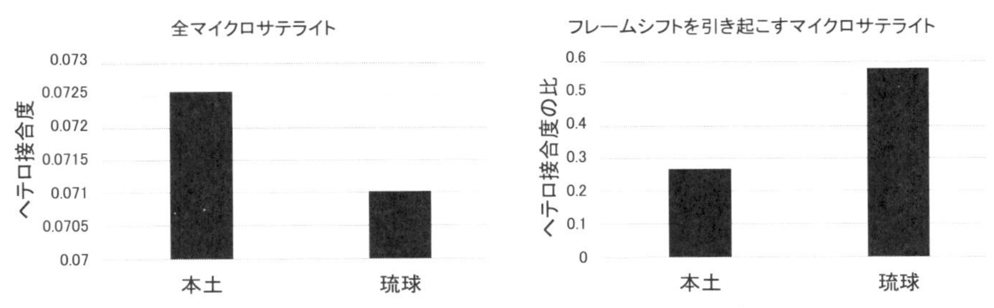

図 11.4　本土集団と琉球集団のヘテロ接合度の比較
左図：全マイクロサテライトのヘテロ接合度の平均値。右図：フレームシフトを引き起こすマイクロサテライトのヘテロ接合度の平均値と全マイクロサテライトのヘテロ接合度の平均値の比。河合洋介（国立国際医療研究センター）、徳永勝士（国立国際医療研究センター）、ナショナルセンター・バイオバンクネットワークにより産出された全ゲノムシークエンスデータを使用し、児玉一希（東京大学医学系研究科修士課程）が解析した。

えられる（Fujimoto et al., 2021）。

● 11.4　今後の展望

ゲノム解読技術は進歩しつづけている。次世代シークエンサーによるゲノム解読は容易になり、多数の個体の全ゲノムシークエンスが行われている。さらに、ロングリードシークエンス技術も一般化し、ヒトゲノムの全体像が解明されつつある。今後も、多サンプルかつ高精度なヒトゲノム解析が進展することは間違いなく、ヤポネシア人の歴史についてもさらなる情報が得られると考えられる。通常の SNP 解析に加えて、SNP 以外のゲノム変化の解析も集団史解明や自然選択の歴史の解明に貢献すると考えられる。

文　献

Ashouri S. et al.（2021）Characterization of intermediate-sized insertions using whole-genome sequencing data and analysis of their functional impact on gene expression. *Human Genetics*, **140**（8）：1201-1216.

Auton A. et al.（2015）A global reference for human genetic variation. *Nature* **526**（7571）：68-74.

Fujimoto A. et al.（2020）Comprehensive analysis of indels in whole-genome microsatellite regions and microsatellite instability across 21 cancer types. *Genome Research* **30**（3）：334-346.

Fujimoto A. et al. (2021) Whole-genome sequencing with long reads reveals complex structure and origin of structural variation in human genetic variations and somatic mutations in cancer. *Genome Medicine* **13** (1) : 1–15.

Gilad Y. et al. (2003) Human specific loss of olfactory receptor genes. *Proceedings of the National Academy of Sciences*. **100** (6) : 3324–3327.

Gochi L., Kawai Y., and Fujimoto A. (2022) Comprehensive analysis of microsatellite polymorphisms in human populations. *Human Genetics* **142** (1) : 45–57

Kanzawa-Kiriyama H. et al. (2019) Late jomon male and female genome sequences from the Funadomari site in Hokkaido, Japan. *Anthropological Science* **127** (2) : 83–108.

Kawai Y. et al. (2023) Exploring the genetic diversity of the Japanese population : Insights from a large-scale whole genome sequencing analysis. *PLOS Genetics* **19** (12) : e1010625.

Lappalainen T. et al. (2019) Genomic analysis in the age of human genome sequencing. *Cell* **177** (1) : 70–84.

Mallick S. et al. (2016) The Simons Genome Diversity Project : 300 genomes from 142 diverse populations. *Nature* **538** (7624) : 201–206.

Rosenberg N. A. et al. (2002) Genetic structure of human populations. *Science* (*New York, N.Y.*) **298** (5602) : 2381–2385.

Schuelke M. (2000) An economic method for the fluorescent labeling of PCR fragments. *Nature Biotechnology*. **18** (2) : 233–234.

Wong J. H. et al. (2019) Identification of intermediate-sized deletions and inference of their impact on gene expression in a human population. *Genome Medicine* **11** (1) : 44.

ピロリ菌のゲノム解析

山 岡 吉 生

胃癌の原因と考えられるヘリコバクター・ピロリ（*Helicobacter pylori*；ピロリ菌）は、人類の出アフリカ前にヒトの胃への感染を確立した。おもに垂直感染によって伝播するが、その遺伝的多様度が高く、人類の地理的分布と菌株の分布がよく一致する。したがって、ピロリ菌の遺伝子型を解析・分類することによって、世界の諸民族がどのような経路をたどって移動してきたかを科学的に推測することが明らかになってきた。特に、ピロリ菌の遺伝子はヒトのそれに比べて突然変異率が高いため、短期間（数千年から数万年）における詳細な変化を知ることができる。たとえば、日本人とアフリカ人のヒトの遺伝子配列はほぼ同じであるが、日本のピロリ菌とアフリカのピロリ菌では遺伝子の配列に約 50% もの違いがある。そのため、ピロリ菌の遺伝子解析を進めることで、ヒトの遺伝子解析では明らかにできない人類の歴史を解読できるようになってきた。

ヤポネシア人のルーツについてもヒトの遺伝子を解析することで多くの知見が得られている。沖縄と北海道（白老町）には、日本の他の地域とは異なるピロリ菌が見られる。世界各地のピロリ菌と比較した結果、沖縄株の一部は遠く西アジアや中央アジアの株と近縁性があり、別のタイプの沖縄株は東アジアと北アジアの中間的な性質をもっていることがわかった。また、北海道白老株はシベリアから北米系統と近縁であることも明らかになっている。さらに、次世代シークエンス解析により、本州内のピロリ菌についても明らかな地域差があることがわかってきている。

12.1　ピロリ菌の病原因子 CagA を用いた解析

ピロリ菌には様々な病原因子が報告されているが、その中で最も研究の進んでいるのが CagA（cytotoxin-associated gene A）である。CagA は、ピロリ菌のもつ 4 型分泌機構を使って胃の上皮細胞に注入される。そこで、細胞内の種々の物質（たとえば SHP-2）と結合し、細胞内のシグナル伝達を攪乱させる。その結果、遺伝子の変異が引き起こされ、最終的には発癌に至ると考えられている（Yamaoka, 2010）。我々は、*cagA* 遺伝子の塩基配列が東アジアのピロリ菌では東アジア以外のピロリ菌の CagA 配列と異なることを示し、東アジアの CagA 配列を East-Asian type（東アジア型）、それ以外を Western type（欧米型）と命名した（Yamaoka et al., 1998）。我々は、Huitoto 族と呼ばれるコロンビアのアマゾン奥地に住む先住民のピロリ菌、さらに、アラスカ先住民のピロリ菌を手に入れることができ、斎藤成也らとの共同研究で、これらの菌の *cagA* 遺伝子の塩基配列を調べたところ、東アジア型に近いが同一ではない独自のクラスターを形成することがわかった。この結果は、コロンブスの新大陸発見よりもはるか前にピロリ菌がアメリカ大陸に存在し、独自に進化していたことを示すものである（Yamaoka, 2002）。

東アジアのピロリ菌は原則として東アジア型の *cagA* 遺伝子を保持しているが、その例外がふたつの地域に存在する。ひとつは沖縄である。我々が沖縄由来の 337 株の *cagA* 遺伝子を調べた結果、驚いたことに 54 株（16.0%）がいわゆる欧米型 *cagA* を持っていた（Matsunari et al., 2012）。また 46 株（13.6%）は、東アジアでは非常にまれな *cagA* 陰性株であった。しかし、CagA のアミノ酸配列が典型的な欧米型 CagA の配列とは異なるため、これらの欧米型 *cagA* 菌が沖縄に駐屯しているアメリカ人から感染したものではないと考えられた。なお、胃癌患者（24 名）のうち 23 名（95.8%）は *cagA* 陽性（内 21 名は東アジア型）であり、一方で慢性胃炎のみを示す患者（98 名）の 77.6% が *cagA* 陽性、東アジア型も 60.2% と少なく、*cagA* 陽性、特に東アジア型 *cagA* 菌に感染している人が胃癌になりやすいことが示唆された。東アジア型の CagA は、SHP-2 などの結合能が欧米型に比べて強く、これらのことは、東アジアで胃癌が多い理由のひとつと考えられている。

もうひとつの地域はモンゴルである。モンゴルは胃癌の発症率と死亡率が世界最高であり、東アジア型 *cagA* 菌が多数を占めると考えていた。しかし、我々がモンゴル由来の 368 株を調査した結果、東アジア型 *cagA* 菌はわずか 12 株（3.3%）しかなかった（Tserentogtokh et al., 2019）。62 株（16.8%）は *cagA* 陰性菌であり、306 株（83.1%）の *cagA* 陽性菌のうち、293 株（陽性菌の 95.8%）が欧米型 *cagA* 菌であった。*cagA* 陰性菌はすべて胃炎症例であり、CagA そのものが重篤な疾患に関与している可能性が示唆されたが、すべての胃癌患者（17 名）のピロリ菌は欧米型 *cagA* 菌であり、*cagA* のタイプと疾患との関連性は見られなかった。現在、その理由について CagA 以外の病原因子、胃内細菌叢、環境因子などから検討を進めている。なお、モンゴルの欧米型 *cagA* 菌のアミノ酸配列は沖縄の欧米型 *cagA* 菌のアミノ酸配列と類似、典型的な欧米型 CagA の配列とは異なっていた。そこで、我々は遺伝子バンクに登録されている菌株情報および我々が保持している遺伝子情報を調査した結果、モンゴルおよび沖縄に見られる CagA 配列を持つ菌は、モンゴルでもっとも多く 64.4%（67/104）、次いでウズベキスタンで 58.8%（10/17）、カザフスタンで 50.0%（3/6）と続き、モンゴル・中央アジアに多く見られることがわかった。

● 12.2　multi-locus sequence typing（MLST）解析

cagA など病原因子の遺伝子型は、地域差よりも疾患による違いの影響を受けやすいという欠点がある。一方、我々がコロンブスの新大陸発見よりもはるか以前にピロリ菌がアメリカ大陸に存在していたことを発表した際、ドイツのマックス・プランク研究所（ミュンヘン）教授の Mark Achtman は、普遍的に存在する複数のハウスキーピング遺伝子を用いた multi-locus sequence typing（MLST）解析を行っていた。MLST は、ピロリ菌だけではなく、多くの細菌の遺伝子型の決定にも用いられているが、ピロリ菌では、7 つの遺伝子（*atpA*、*efp*、*mutY*、*ppa*、*trpC*、*ureI*、*yphC*）の一部をシークエンスし、それらをつなげた約 3,400 bp の塩基配列が解析に用いられている。我々は、

Achtmanと共同研究を行い、*cagA*遺伝子の塩基配列で東アジア類似型であったアメリカ先住民の菌は、MLSTでも東アジア型の亜型を形成しており、世界中のピロリ菌は大きく6つの主要な集団に分類されることがわかった(Falush et al., 2003)。すなわち、アフリカ1型(hpAfrica1)、アフリカ2型(hpAfrica2)、アフリカ北東型(hpNEAfrica)、ヨーロッパ型(hpEurope)、アジア2型(hpAsia2)、東アジア型(hpEastAsia)である。これらの主要集団はhpで始まる命名とした。hpAfrica1は西・南アフリカ、hpAfrica2は南アフリカの一部、hpNEAfricaは北東アフリカ、hpEuropeはヨーロッパ、hpAsia2は南・東南・中央アジア、hpEastAsiaは東アジアに多く分布している。hpEastAsiaは、さらにポリネシア、メラネシア、台湾原住民の菌に多く見られるhspMaori(マオリ亜型)、アメリカ先住民に多く見られるhspAmerind(アメリカ先住民亜型)、東アジアの菌に一般的に見られるhspEAsia(東アジア亜型)といった3つのサブ集団に細分化される。亜型の場合にはhspで始まる命名とした。また、hpAfrica1も西アフリカから南アフリカの菌、アメリカに移住した黒人の菌に多く見られるhspWAfrica(西アフリカ亜型)、南アフリカに多く見られるhspSAfrica(南アフリカ亜型)のふたつに細分化される。

CagAとの関連性では、hpEastAsiaは東アジア型CagAをもつものがほとんどであり、hpAfrica2はCagAをもたない。hpAfrica2は他のタイプとはかなり遺伝子配列が異なり、むしろピロリ菌類似のヘリコバクター・アチノニチス(*Helicobacter acinonychis*)に近いことから、*cagA*遺伝子がどこから入りこんだのかはいまだ不明であるが、ピロリ菌の遺伝子内に入り込む前の菌であると考える。これら以外のグループは、ほとんどが欧米型*cagA*菌であるが、hpEuropeには*cagA*陰性菌も20～30%含まれる。

我々はその後も研究を続け、世界各国の菌の分岐年代をヒトの移動の歴史で確定されているポイントを支点として推定し、ピロリ菌は人類とともに約5万8,000年前にアフリカを旅立ち、その後人類の進化と同様に進化してきたことを証明した(Linz et al., 2007)。

次に、太平洋の大海原に繰り出した人類の起源には諸説が存在していたため、サフル地域(オーストラリア・パプア)の先住民、台湾の先住民、さらに太平洋地域の先住民のピロリ菌の解析を行った。その結果、サフル地域のピロリ菌は今までに報告されていない新種であることがわかり、hpSahul と命名して発表した（Moodley et al., 2009）。シミュレーションの結果、人類はピロリ菌と共に約3万7,000～3万1,000年前にアジア大陸からサフル大陸へと移住したことが示された。この時代は氷河期にあたり、海水面が低下してオーストラリアとニューギニアは陸続きのサフル大陸を形成していた。この地域には6万～5万年前とされる考古学的痕跡も報告されているが、氷河期の間に人類とともにピロリ菌がサフル大陸にわたったことは確かである。一方、ポリネシア、メラネシア、台湾先住民などに見られる hspMaori は、台湾を経由して太平洋に乗り出した人々とともに移動したと考えられる。hpSahul とは異なり、人類が長い距離を航海して遠洋の島にたどり着けるようになるまでには長い時間を待たなければならず、hspMaori の分岐年代は比較的新しく約5,000年前と推定された。こうして2009年の時点では、世界のピロリ菌は大きく7つの主要な集団に分類された。

日本人のピロリ菌は MLST ではどのように分類されるかというと、沖縄と白老町の東アジア型 *cagA* 菌は hpEastAsia（hspEAsia）であった。一方、白老町の *cagA* 陰性の4株は hspAmerind に分類され、アメリカ先住民とのつながりが示唆された。沖縄株に関しては、欧米型 *cagA* 菌54株と *cagA* 陰性菌46株、さらに東アジア型 CagA 株17株も無作為に選択し、参照株として解析を行った。MLST 配列を使った系統樹では、沖縄株の位置は大きく3つに分かれた。ひとつは本土株（hspEAsia）に近い25株（Okinawa-A）、ひとつは hspEAsia と hspMaori の間の39株（Okinawa-B）、もうひとつは hspAmerind と hpAsia2 の間の40株（Okinawa-C）である。なお、A～C に所属しない菌は Okinawa-D としてまとめた。

その後、沖縄株を142株に増やして検討すると、図12.1左のように、Okinawa-B は hspMaori と hspAmerind の間に、Okinawa-C は hspAmerind と hpSahul の間に位置した。さらに、沖縄系統の集団構造を調べるために、STRUCTURE ソフトウェアを用いて集団解析を行った。図12.1右は想定集団数を14に設定した時の結果である。この図は、1本の横線がひとつの株を表し、14の色で集団の別を表している。興味深いことに、沖縄株の中には他の集団

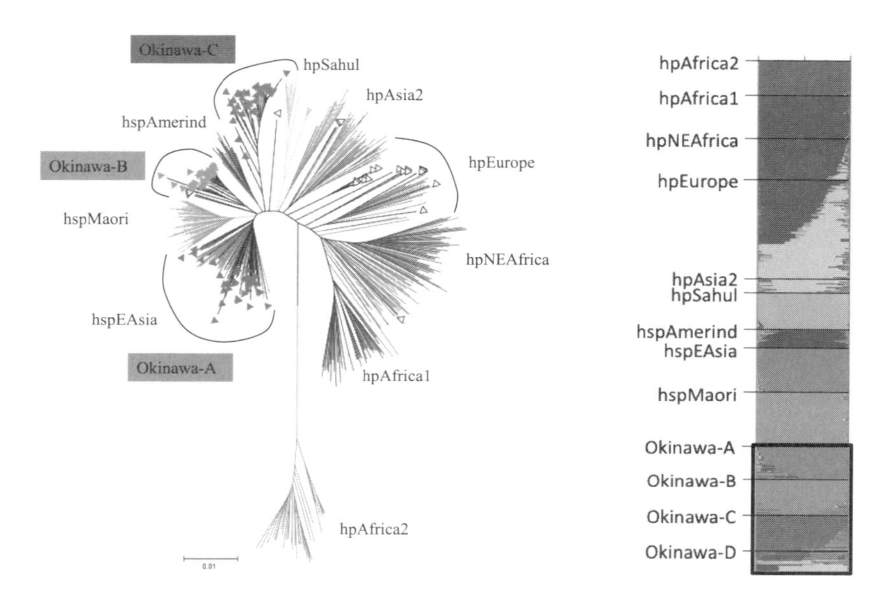

図12.1　MLSTを用いた系統樹（左）とSTRUCTURE解析（右）
沖縄のピロリ菌は、大きく3種類に分類され、そのうち2種は、新しいタイプと考える（口絵8参照）。

に見られない要素（緑色とピンク色の部分）が見られ、これは系統樹上のグループと一致した。Okinawa-Aは、すべての株でhspEAsia（黄土色）が主要要素である。Okinawa-Bはすべての株で沖縄特有の緑色の要素がもっとも強く、Okinawa-Cはピンク色の要素がもっとも強い。

興味深いことに、Okinawa-Bは*cagA*陰性菌であった。hspAmerindには白老町の菌も含め、*cagA*陰性菌が高頻度に見られることから、ベーリング海峡を越えてアメリカ大陸にわたったモンゴロイドと似た種族がベーリング海峡を越えずに日本に渡来し、いわゆる縄文人となり、その後沖縄に移り住んだのかもしれない。日本人の構成については、縄文時代に住んでいた人々が弥生系の渡来人が流入したことによって北と南の周縁に移動したという二重構造説が唱えられているが、この説との関係を考えると興味深い。一方、Okinawa-Cの多くは欧米型*cagA*菌であった。

12.3　次世代シークエンサーを用いた解析

次世代シークエンサーの発展により、大規模な配列解析が可能となり、シークエンスの価格が大幅に安価になった現在、7つの遺伝子のみで解析を行うMLSTはやや時代遅れとなりつつある。全ゲノム情報を用いた新たな集団解析法（fineSTRUCTURE解析）が開発され、従来よりもさらに詳細な集団構造を調べることが可能となった。fineSTRUCTURE解析は、全ゲノムにわたるSNPデータを用い、サンプル間のハプロタイプ共有度により集団構造を解析する方法であり、2013年にはじめてピロリ菌ゲノムに適用されて以来、従来定義されていたピロリ菌集団をより詳細な亜集団に分類することが可能となった。

次世代シークエンスを用いることで、沖縄のピロリ菌を詳細に解析することが可能となった（Suzuki et al., 2002）。Okinawa-Cは明らかに他の集団とは異なり、主要集団と考えられるため、hpで始まるhpRyukyuと命名した。一方、Okinawa-BはhpEastAsiaの亜型と考えられ、東アジアと北アジアの中間的な性質をもつことからhspOkinawaと命名した。系統樹上、hpRyukyuは分岐点がhpAsia2よりも古く、各菌集団の代表株を用いてBEASTで分岐年代の推定を行ったところ、hpRyukyuは約4万5,000年前に、またhspOkinawaは約2万年前に他の東アジアの菌株から分岐したことが明らかになった。旧石器時代の移住者の子孫が現代の日本人に残っているかどうかについてはヒトDNA解析の結果、議論の余地があるが、本研究により旧石器時代起源の細菌が現在の日本人の胃の中に残っていることが明らかになった。約4万5,000年前といえば、港川人骨や白保竿根田原洞穴人骨の年代と近いものであるが、ヒトDNAの解析からは港川人と現代沖縄人のつながりは確認されていない。ピロリ菌はヒトそのものではないので先住集団から後続の移入者に感染した可能性も考えられるが、その場合、2集団間に継続的な交流があったと考えられ、いずれにせよヒトの遺伝子を調べてもわからないことが、ピロリ菌を調べることで紐解ける可能性がある。hpRyukyuの近縁株に関しては、我々のもつアジア各地から数千株のピロリ菌ストックの中で、ネパール株から2株の近縁株が見つかった。さらに、他のグループが発表したデータの中に4株の近縁株が見つかり、アフガニスタン、インド北西部からアフガニスタン北東部にまたがるパンジャーブ地方、そしてネパールの株であることが判明した。hpRyukyuを発見した論文を2022年に発表した後も、遺伝子データは次々と公表されている。現在までに、hpRyukyuと類似している菌はウズベキスタンやカザフスタンに多く見られることがわかってきた。これにより、hpRyukyu系統は脱アフリカ後に中央アジアに達し、その後ヒマラヤ山脈の北側を経由して沖縄にたどり着いた可能性が高いと考えられる。

CagAのアミノ酸配列の分析においても、ウズベキスタンやカザフスタンのピロリ菌とhpRyukyuの関連性が示唆されている。しかし、次世代シークエンスを用いた系統樹（図12.2）を見ると、モンゴル株とhpRyukyuは同じクラスターを形成しておらず、hpRyukyuとモンゴルのピロリ菌の関連性についてはさらに検討が必要である。モンゴルの欧米型*cagA*菌はMongolia 2と名付けられ、hpAsia2より後に分岐している。一方、モンゴルの*cagA*陰性菌はhpEastAsiaの亜型と考えられ、hspOkinawaに近いとみなされる。モンゴル株の正式な命名については、今後さらに検討を重ねて決定したい。

MLSTではhspEAsiaのさらに細かい分類は不可能であり、韓国株と日本株（本州株）を見分けることはできなかった。そこで、我々は次世代シークエンサーを用いて、日本、中国および韓国に分布するピロリ菌の大規模なゲノム解析を行った。この研究では、従来一括りに「東アジア亜型」とされていた日本、

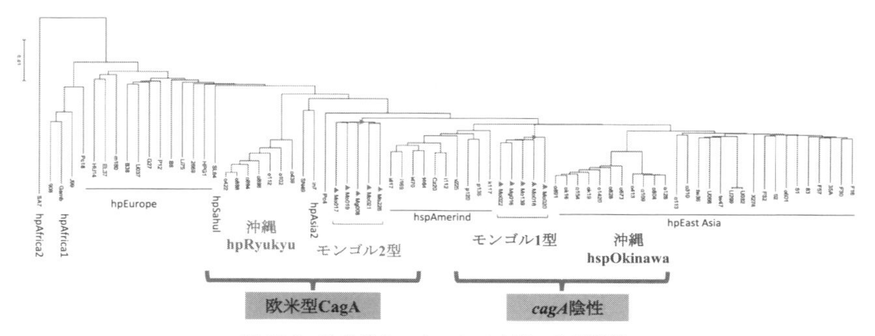

図12.2　次世代シークエンスを用いた系統樹
沖縄の*Helicobacter pylori*とモンゴルの*Helicobacter pylori*は異なるクラスターを形成している。

中国および韓国のピロリ菌が、それぞれ地理的分布に応じて6つの亜集団、すなわち中国南西型、中国南東型、中国北東型、韓国型、本州型、沖縄型に分類されることが明らかになった（You et al., 2022）。この研究では、日本のhspEAsia株は本州および沖縄の2グループに分けられたが、用いた日本株の数が少なかったため、解析株数と解析対象地域を増やすことで本州内でも新たな差異を検出できる可能性があると考えた。さらに、日本において胃癌罹患率および死亡率は北日本で高く地理的勾配が認められるため、これら高リスク地域に分布するピロリ菌には他の地域とは異なる特徴がある可能性もあると考えられる。

そこで、日本国内のピロリ菌の集団構造を詳細に調べることを目的とし、日本株の数を増やして解析を行った。北海道、青森県、京都府、大分県、沖縄県の株、GenBankに登録されている福井県、山口県の株に加えた計398株の日本人株について全ゲノムシークエンスを用いた解析を行った。さらにこれら日本株に加え、ピロリ菌の各集団（hpAfrica1、hpAfrica2、hpEurope、hpAsia2、hspAmerind、hspMaori、シベリアおよびモンゴル株）の代表株を1〜3株、中国の3つのグループ（中国南西、中国南東、中国北東）から各40株、韓国から4株、合計151株を参照配列として解析に加えた（友成ら，2023）。

その結果、hspEAsiaに属する日本株は、青森県に多い型、本州に多い型、沖縄に多い型の3つのグループに分類された（図12.3）。青森型は我々がはじめて定義した集団であり、従来均質であると思われていた日本本土のピロリ菌にも遺伝的分化が存在することが明らかになった。青森県では青森型がもっとも多く（約72%）、青森株の約86%（55/64）が青森県に存在している。青森県は本州の最北端に位置するため、距離的隔離により独自のピロリ菌集団が形成された可能性がある。さらに、塩分摂取量などヒトの食性の違いによる胃内環境の変化に適応するために、ピロリ菌が分化していった可能性も考えられる。青森県に分布するピロリ菌が、同県の高い胃癌死亡率と関係している可能性もあり、変異部位などさらなる研究が必要である。東北地方のピロリ菌が青森株とともに集団を形成する可能性も考えられるため、青森県以外のピロリ菌の検討も今後行う予定である。

さて、沖縄県に分布する各集団の割合は、従来hspEAsiaとされていた集団

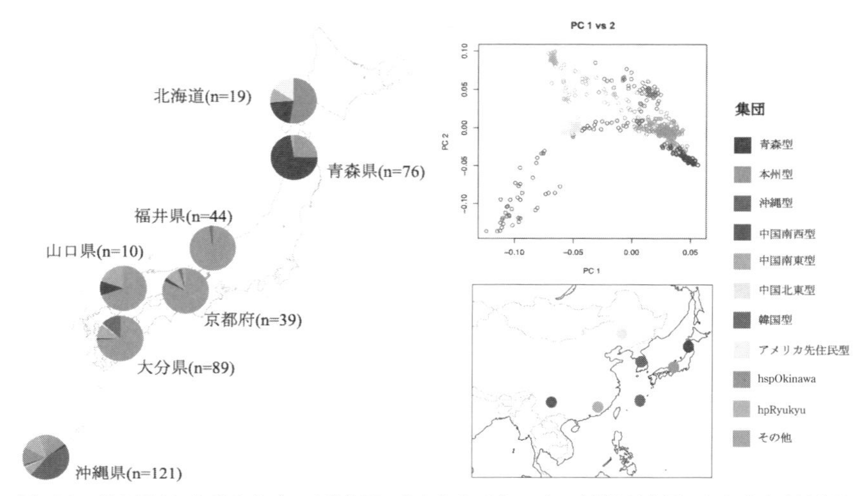

図 12.3　日本国内における各ピロリ菌集団の分布および東アジア亜型集団を用いた主成分分析結果
fineSTRUCTURE 解析により定義した集団を色分けして示した。主成分分析は、co-ancestry matrix に基づき行った（口絵 9 参照）。

が約 70％を占め、本土の hspEAsia 系統（青森型、本州型）とは明らかに異なり沖縄型と命名した。さらに、従来の報告通り、hspOkinawa および hpRyukyu が合わせて約 24％を占めていた。

また、中国および韓国型に分類された日本株も複数認められた。地域別に見ると、大陸に近い地域でその割合は高く、大分県ではもっとも多い 25％の株が中国および韓国型に分類された。これは、大陸との距離的な近さや中国・韓国からの移住を反映していると考えられる。hspEAsia に属する各集団（青森型、本州型、沖縄型、中国南西型、中国南東型、中国北東型および韓国型）について主成分分析を行った結果、中国南西型以外の集団は比較的近くに位置し、その位置関係は地理的分布とよく一致していた。本研究の結果は、今後、分岐年代の推定など人類学的解析を行う上での基礎的なデータになると考えられる。

12.4 おわりに

ピロリ菌の遺伝子型を解析・分類することにより、人類の移動の歴史を紐解くことが可能になってきた。特に、次世代シークエンスの発展・普及により、今まで不可能であった日本国内のピロリ菌に関しても地域差があることが明らかになってきた。今後解析対象地域を増やすことにより、これまでに明らかにされていない集団構造を検出することができると信じている。

文　献

Falush D. et al. (2003) Traces of human migrations in *Helicobacter pylori* populations. *Science* **299** (5612) : 1582-1585.

Linz B. et al. (2007) An African origin for the intimate association between humans and *Helicobacter pylori*. *Nature* **445** (7130) : 915-918.

Matsunari O. et al. (2012) Association between *Helicobacter pylori* virulence factors and gastroduodenal diseases in Okinawa, Japan. *Journal of Clinical Microbiology* **50** (3) : 876-883.

Moodley Y. et al. (2009) The peopling of the Pacific from a bacterial perspective. *Science* **323** (5913) : 527-530.

Suzuki R. et al. (2022) *Helicobacter pylori* genomes reveal Paleolithic human migration to the east end of Asia. *iScience* **25** (7) : 104477.

Tserentogtokh T. et al. (2019) Western-Type *Helicobacter pylori* CagA are the most frequent type in Mongolian patients. *Cancers* **11** (5) : 725.

Yamaoka Y. (2010) Mechanisms of disease : *Helicobacter pylori* virulence factors. *Nature Reviews Gastroenterology & Hepatology* **7** (11) : 629-641.

Yamaoka Y. et al. (1998) Variants of the 3' region of the *cagA* gene in *Helicobacter pylori* isolates from patients with different *H. pylori*-associated diseases. *Journal of Clinical Microbiology* **36** (8) : 2258-2263.

Yamaoka Y. et al. (2002) *Helicobacter pylori* in North and South America before Columbus. *FEBS Letters* **517** (1-3) : 180-184.

You Y. et al. (2022) Genomic differentiation within East Asian *Helicobacter pylori*. *Microbial Genomis* **8** (2) : 000676.

友成航平ら (2023) 日本国内より分離された *Helicobacter pylori* の集団構造解析.『大分県医学会雑誌』**29** : 99-107.

索　　引

【欧文・数字】

【ア行】

【カ行】

【サ行】

【タ行】

【ナ行】

【ハ行】

【マ行】

【ヤ行】

【ラ行】

編集者略歴

斎藤成也（さいとう なるや）

1957年　福井県に生まれる
1979年　東京大学理学部生物学科人類学課程卒業
1986年　テキサス大学ヒューストン校博士課程修了
現　在　国立遺伝学研究所名誉教授
Ph. D.

ヤポネシア人の起源と成立 1
ヤポネシアの現代人ゲノム　　定価はカバーに表示

2025年3月31日　初版第1刷

編集者　斎　藤　成　也
発行者　朝　倉　誠　造
発行所　株式会社　朝　倉　書　店
東京都新宿区新小川町 6-29
郵便番号　162-8707
電　話　03（3260）0141
FAX　03（3260）0180
https://www.asakura.co.jp

〈検印省略〉

新日本印刷・渡辺製本

ISBN 978-4-254-17791-6　C 3345　　Printed in Japan